多功能小型
文化服务综合体设计

卢向东　张三明　许懋彦　王婉琳
揭小凤　郭　璁　张晓琴　李　杰　著

中国建筑工业出版社

图书在版编目（CIP）数据

多功能小型文化服务综合体设计／卢向东等著. —
北京：中国建筑工业出版社，2022.10
ISBN 978-7-112-27398-0

Ⅰ.①多… Ⅱ.①卢… Ⅲ.①文化建筑—建筑设计
Ⅳ.①TU242

中国版本图书馆CIP数据核字（2022）第084942号

责任编辑：刘　静
书籍设计：锋尚设计
责任校对：姜小莲

多功能小型文化服务综合体设计
卢向东　张三明　许懋彦　王婉琳
揭小凤　郭　璁　张晓琴　李　杰　著

*
中国建筑工业出版社出版、发行（北京海淀三里河路9号）
各地新华书店、建筑书店经销
北京锋尚制版有限公司制版
北京富诚彩色印刷有限公司印刷
*
开本：787毫米×1092毫米　1/16　印张：13　字数：232千字
2022年9月第一版　　2022年9月第一次印刷
定价：**99.00**元
ISBN 978-7-112-27398-0
　（39594）

前言

　　基层群众文化是我国社会文化的重要组成部分。基层群众的文化需求决定了社会主义精神文明建设的方向，会对社会稳定和基层政权建设产生深远的影响，其发展程度是衡量我国发展力与竞争力的重要指标。党的十八届三中全会提出，"建立公共文化服务体系建设协调机制，统筹服务设施网络建设，促进基本公共文化服务标准化、均等化"。在党的十九大报告中，习近平总书记明确提出乡村全面振兴战略，并强调文化振兴是其中重要一环。2019年中央一号文件指出，"要加快推进农村基层综合性文化服务中心建设，推动建立城乡统筹的基本公共服务经费投入机制，完善农村基本公共服务标准"。

　　浙江省高度重视基层公共文化服务建设，从2013年起便在全省部署农村文化礼堂建设工程；2014年底，文化部把浙江省列为全国公共文化服务体系标准化建设试点；2015年又强调要推进礼堂文化的培育、基础设施的建设、乡村文化综合体的构筑。这一系列举措旨在将农村文化礼堂建设成为高水平的农村文化服务综合体，打造农民的精神家园，提升农民素质、繁荣农村文化，为乡村振兴注入强劲动力。经过多年实践，农村文化礼堂已经成为培育和弘扬社会主义核心价值观的重要阵地。

　　农村文化设施建设实践中发现，农村对文化生活的需求多种多样，包括村镇会议、群众文艺表演与婚庆宴请等民俗活动、阅览及体育活动等。如何通过合理设计，使文化设施能够满足多种使用功能，提高其使用率，成为村民文化活动的中心，是一个值得研究的课题。

　　为加快推进农村基层综合性文化服务中心建设，国家科学技术部立项，由浙江大丰实业股份有限公司、清华大学、浙江大学、浙江工业大学、中国传媒大学等共同承担"多功能小型文化服务综合体设计理论与方法研究"（项目编号：2018YFB1403701）。项目以村、镇文化设施为对象，重点研究小型文化服务综合体的建筑空间特性、设备集约化与适应性，以及在有限建筑空间内实现多种使用功能等问题。项目主要根据浙江省农村文化礼堂实践，结合村民对文化活动的需求开展研究，并在浙江省杭州市富阳区胥口镇葛溪村、临安区板桥镇上田村进行多功能小型文化服务综合体建设实践。本书为此课题部分研究成果的总结。

全书共7章，结合农村文化设施的建设，分别阐述基层文化服务需求及文化设施建设现状，多功能小型文化服务综合体的公共性、集约性、通用性、可变性，空间划分的算法研究，以及建筑实践。

本书由卢向东主编。作者为：卢向东（清华大学）、张三明（浙江大学）、许懋彦（清华大学）、王婉琳（清华大学）、揭小凤（清华大学）、郭璁（清华大学）、张晓琴（浙江大学）、李杰（清华大学）。

限于时间和水平，书中还存在一些需进一步探讨的问题，不妥之处望专家同行及读者批评指正。

作者

2022年4月

目录

基层文化服务需求及
文化设施建设现状

1.1　基层文化的重要性和政策导向

基层文化是当代中国文化体系的基础部分，其发展程度是衡量我国发展力与竞争力的重要指标之一。基层文化的发展，能够满足基层群众的精神需求，丰富基层群众的生活，提升基层群众的素质，有利于表达和谐社会的理想，有利于构建和谐社会的主张。它关系着农村乡镇和城市社区的千家万户，关系着基层最广大群众的根本利益，是文化工作的重点和难点，是一项需要长期抓实抓好的基层工作。但由于历史、地域、经济等多方面原因，在某些地区特别是贫困偏远区域，基层群众的文化生活依然贫乏，还存在封建迷信、赌博等活动，影响社会主义精神文明建设，影响社会稳定和基层政权建设。科教兴国和可持续发展均是我国发展的重大战略，而这一战略的顺利实施，取决于民智和人文的开发：用文化知识武装人民群众、推动社会发展，把基层文化内容的先进性和广泛性结合起来，努力宣传科学理论，传播先进文化，弘扬社会正气，倡导科学精神；对广大群众进行爱国主义、集体主义和社会主义教育，帮助他们树立正确的世界观、人生观和价值观；发挥基层文化活动在公民道德教育中的重要作用；适应广大农村群众脱贫致富的需求，大力开展科技普及和各种读书活动，传播生产、生活知识和实用的农业科技，鼓励和引导广大农民群众依靠科学技术摆脱贫穷和愚昧，追求科学、健康、文明的生活方式。

近年来，随着我国综合国力显著增强，提升文化软实力显得愈发重要。党的十八大报告指出，"全面建成小康社会，实现中华民族伟大复兴，必须推动社会主义文化大发展大繁荣，兴起社会主义文化建设新高潮，提高国家文化软实力"。党的十九大报告指出，我国当前社会主要矛盾已转变为人民日益增长的美好生活需要和不平衡不充分的发展之间的矛盾，而不平衡不充分发展在"三农"问题上表现最为突出。习近平总书记由此提出实施乡村振兴战略，并强调文化振兴是其中的重要一环。2019年中央一号文件指出，"要加快推进农村基层综合性文化服务中心建设，推动建立城乡统筹的基本公共服务经费投入机制，完善农村基本公共服务标准"。2020年的"十四五"规划指出，要提升公共文化服务水平，推进城乡公共文化服务体系一体建设，创新实施文化惠民工程，广泛开展群众性文化活动。

1.2 基层文化服务需求

从目前的现实情况看，为群众提供什么样的基层文化服务，以及以何种方式提供，无论在理论层面还是实践层面，都没有得到很好的回答。由此导致基层文化服务出现"倒挂"现象，即对群众文化需求研究不足、把握不准、缺少针对性和有效性，基层群众文化需求处于一种"被需求"状态。基层文化服务必须准确把握基层群众的现实文化需求，以满足群众的文化需求，保障群众的基本文化权益作为出发点和落脚点。在提供基层文化服务系统建设中必须先弄清楚当前群众最为迫切的文化需求是什么，这些文化需要呈现怎样的特点，其发展趋势如何；建设什么类型的基层文化设施，应该配备哪些基础设备并具备哪些空间特性。只有准确把握群众的文化需求，在提供基层文化服务、建设基层文化设施时才能有的放矢，基层文化服务提醒才能发挥其应有的作用。

基层群众文化需求包括休闲娱乐、放松身心、获取知识、陶冶情操，如读书、看报、看电影、欣赏文艺演出等精神层面的需求，也包括人民群众在衣食住行等物质层面所蕴含的文化元素需求。这些需求都包含在日常生活中，具有民族性、民俗性、地域性、分层性、多元性等特征，体现出人民群众的生活方式。文化需求是随着经济社会发展不断变化的，是历史的、动态的，并非一成不变。

改革开放之初，人们一度过于崇尚外来文化，如把西方文化、日韩文化视为先进的、引领潮流的文化，盲目地模仿、复制，而把传统的、民族的视为落后，甚至出现民族虚无主义的倾向。经过四十多年的改革开放，我国经济社会快速发展，由生存型阶段向发展型阶段转变，人民生活水平显著提高，人民思想不断解放，眼界日益开阔，加之外来文化的大量涌入，基层群众的文化服务需求极大迸发，表现出一系列新特点和新动向。一是不同基层群体之间文化需求内容、需求方式呈现多元化、多样性特点。特别是不同文化层次、不同社会群体、不同年龄段人群的文化需求偏好差异明显。二是文化需求更加趋于理性。随着我国经济实力不断提升，民族自信逐步增强，民族虚无主义日渐消亡，群众文化需求更多转向民族的、传统的文化形式，文化需求也更加理性和健康。三是文化需求的双向互动、主动参与特性逐步增强。

文化设施是为群众提供文化服务综合产品的基本平台，是开展群众文化活动的前提。根据笔者对基层文化设施的调研和案例分析，可以归纳出，当前基层群众对文化设施的基本诉求有以下四个方面：一是使用便捷、布局合理、出入方便，还需包括无障碍通道；二是与群众生活水平相适应，与群众审美水平相协调，装修、装饰符合当地群众的审美习惯；三是功能适度，能够满足或兼顾多种文化服务需求及其变化，能够适应现代技术的发展，广泛应用数字化、网络化、智能化；四是文化设施、设备配置合理，不盲目求"全"、求"高端"，档次与基础群众文化需求相匹配。

1.3 小型文化服务综合体概念综述

从我国目前发展阶段来看，服务于社会基层的中小型文化服务综合建筑在未来将进入快速发展时期。文化服务综合建筑，起源于城市，表现为社区活动中心、综合文化服务中心等，空间上有机整合几种不同属性的文化、服务功能，时间上实现错用，以减轻交通负荷、提高土地利用效率及改善文化生活水平，同时平衡有限用地和发展需求之间的矛盾。社区级、街道级的文化体育中心同样属于文化服务类建筑，与常规的文体中心在功能上类似，即为人们提供体育休闲、文化娱乐及交流的公共场所，但在服务对象上有所限定，其使用者主要以街道辖区内的社区居民及单位的市民为主。在我国乡镇范围内，这一服务综合体则对应乡镇综合文化站、农村文化礼堂、村级公共服务中心等建筑类型。这类综合性文化服务建筑一般为政府设立，集宣传展示、文体活动、书报阅读、科普教育于一体，服务于当地农民群众的日常生活。

文化服务综合建筑在功能组成上有其特殊性，即，为满足基层群众文化学习、科普教育、娱乐休闲、体育活动等日常需求，该建筑包含演出、会议、宴会、阅览、展览、集市和体育活动等功能。由于经济性、可持续性、集约性的要求及限制，这种"综合"不是功能空间的集合，而是尽可能使用少的空间整合多个功能。文化服务综合建筑在空间上有不确定性，即，用功能来丰富空间，而不是用空间来命名功能，体现着空间的集约性与适应性。这不仅适合人口较少的乡镇地区，当应用于城市社区中时，也能提高建筑使用效率，产生功能聚集效应，带动日常活力。

基于"多功能""小型""综合"的三重界定，多功能小型文化服务综合体在我国现阶段的学术研究中，属于一个较为特殊的建筑类型，包含众多现已存在的功能建筑。本书将在此基础上对一系列具有此类特征的建筑进行系统性梳理、定义和研究，并试图通过对空间的集约化设计和功能模式的适应性转换的研究来探讨这一特殊建筑类型的设计方法与策略。

1.3.1 概念与定义

（1）城市基层公共服务：指以满足社区公共服务需求为目的、以中央和地方政府投入为主，以社区居民和驻区单位为服务对象，由基层（街道办、社区）公共服务组织所提供的各类服务。城市基层公共服务组织是指依托街道、社区各类服务实体，协助政府提供公共服务的各类服务组织的总称[1]。

（2）城市公共服务等级：我国城市公共服务分为三个级别。①市区级圈层：提供整体性社会事业建设，如市政设施、博物馆等公共文化设施、经济适用房和廉租房建设等；②街道办级圈层：实现政府社会管理和公共服务在街区的综合化；③社区级圈层：实现政府社会管理和公共服务的全覆盖，直接面向居民[2]。其中，街道办级和社区级是城市公共管理的基层单元，是城市居民日常生活接触最多的公共服务类别。我国城市基层公共服务均通过基层组织向社区居民及驻区单位提供，而提供各类服务的建筑空间和场地就是城市基层公共服务设施。

（3）城市基层公共服务设施：根据城市基层公共服务的定义，我国目前推行的城市管理体制为"街道—社区"制，街道及其以下层级的公共服务设施对应城市规划领域中居住区及其以下层级的公共服务设施，可称之为"基层公共服务设施"[3]。

（4）街道办文体中心：是城市基层公共服务设施的一种，一般由中小型综合体育训练馆（全民健身中心）、小型文化馆（市民文化休闲中心）以及与之相配套的场地构成。文体中心可作为综合性的体育训练以及非专业的体育健身活动和文艺休闲活动设施，其使用功能一般包括低级别赛事、日常文体训练、小型剧场表演、文艺课程、图文展览、商业配套设施、生活服务配套等。

---

1 陈伟东. 城市基层公共服务组织管理运行的规范化研究 [J]. 社会主义研究，2009（4）：16-22.
2 同上.
3 孙艺，戴冬晖，宋聚生. 直辖市基层公共服务设施规划技术地方标准与国家标准的比较与启示 [J]. 社会主义研究，2017（6）：44-54.

（5）基层文化休闲中心：在本书中，笔者将为基层群众服务的各种综合文化服务中心、文化站、文化馆统称为基层文化休闲中心。

（6）乡镇综合文化站：乡镇综合文化站是根据《中共中央办公厅 国务院办公厅关于进一步加强农村文化建设的意见》（中办发〔2005〕27号）和《中共中央办公厅 国务院办公厅关于加强公共文化服务体系建设的若干意见》中提出的为丰富农村文化而建设的文化站。乡镇综合文化站是政府举办的提供公共文化服务、指导基层文化工作和协助管理农村文化市场的公益性事业单位，是集书报刊阅读、宣传教育、文艺娱乐、科普培训、信息服务、体育健身等各类文化活动于一体，服务于当地农村群众的综合性公共文化机构。

（7）农村文化礼堂：文化礼堂，是经济强省浙江自2013年起，在全省农村地区建设的基层文化平台，主要依托已有的旧祠堂、古书院、闲置校舍、大会堂和文化活动中心，以有场所、有展示、有活动、有队伍、有机制等为基本标准，通过5年努力，在全省行政村建成一大批集学教型、礼仪型、娱乐型于一体的农村文化礼堂，承载居民日常生活所需的演出、会议、阅读、展示和体育运动等功能，为基层群众的文化生活提供场所。

1.3.2 规范与指标

我国城市与乡镇的基层公共服务设施规范体系并不相同，从城市规划角度出发的规范体系更加完善。乡镇基层文化服务建设工作近年来逐步展开，各项指标及规范的建立正处于起步阶段，所以部分内容借鉴了城市设施的相关文件。本章将从城市和乡镇两个方面分开说明。

1. 城市基层公共服务设施规范体系

国内推行的城市管理体制为"街道—社区"制，街道及其以下层级的公共服务设施对应城市规划领域中居住区及其以下层级的公共服务设施，即基层公共服务设施，其规范及指标包含在居住区规划相关的国家标准当中。国标《城市居住区规划设计标准》GB 50180自1993年颁布以来（原名为"城市居住区规划设计规范"），2002年、2016年和2018年作三次修订，但其中关于基层公共服务设施指标体系的内容却没有变化。随着对城市基层公共服务设施投入的不断加大，国标中相关指标的指导性和适应性受到挑战，近年来地方标准（北京、天津、上海、重庆等直辖市标准）修订频繁，与国标相比更加贴合基层公共服务设施的发展状况。

以《北京市居住公共服务设施配置指标》（即后文所指市标）为例，从设施类型、级配、项目数量和指标四个方面与国标进行对比，情况如下（表1.1）。

（1）设施类型：国标中基层公共服务设施分为 8 类，包括文体设施、社区服务、行政管理及其他、商业、金融邮电设施、市政、医疗卫生及教育；市标将其划分为 6 类，将金融并入商业服务设施，将邮电并入市政公共设施，将国标中的市政公共设施细分为交通设施和市政公共设施两部分。

（2）级配：国标将基层公共服务设施划分为3个常规级配；北京市市标以行政级别管辖范围为依据，将其划分为街区级、社区级和建设项目级3个级别。

（3）项目数量：国标中包含 50 项基层设施；市标包含 54 项。

基层公共服务设施规范中设施功能对比　　　　　　　　　　表1.1

设施功能	北京	天津	上海	重庆	国标
体育	①室内体育设施 ②室外运动场地	①社区体育运动场 ②居民运动场 ③居民健身场地	①综合健身馆 ②游泳池（馆） ③综合运动场	①小型全民健身活动中心 ②健身广场 ③社区多功能运动场	①居民运动场（馆） ②居民健身设施（含老年户外活动场地）
文化	社区文化设施	社区文化活动中心	①社区文化活动中心 ②青少年活动中心	①街道文化中心 ②社区文化活动室	①文化活动中心 ②文化活动站
医疗	①社区卫生服务中心 ②社区卫生监督所 ③社区卫生服务站	①社区卫生服务中心 ②社区卫生服务站	①社区卫生服务中心 ②卫生服务点	①卫生服务中心 ②卫生服务站	①医院 ②门诊所（社区卫生服务中心） ③卫生站 ④护理院
服务	①社区服务中心 ②老年人活动场所 ③机构养老设施 ④残疾人托养所 ⑤托老所 ⑥社区助残服务中心	①社区综合服务中心 ②老年人服务中心（含老年人活动中心） ③社区养老院 ④托老所（含老年人活动站）	①福利院（养老院） ②工疗、康体服务中心 ③托老所	①养老院 ②老年人服务中心（活动中心） ③日间照料中心	①社区服务中心 ②养老院 ③托老所 ④残疾人托养所
商业	①小型商服设施（便利店） ②再生资源回收点 ③再生资源回收站 ④菜市场 ⑤其他商业服务点	①社区商业服务中心 ②菜市场 ③社区商业服务点 ④商业服务网点	室内菜场	①菜市场 ②菜店	①综合食品店 ②综合百货店 ③餐饮场馆 ④中西药店 ⑤书店 ⑥市场 ⑦便民店 ⑧其他第三产业设施
教育	①高中 ②初中 ③小学 ④幼儿园	①高中 ②初中 ③小学 ④幼儿园	—	①普通高中 ②初中 ③小学 ④幼儿园	①中学 ②小学 ③幼儿园 ④托儿所

续表

设施功能	北京	天津	上海	重庆	国标
管理	①街道办事处 ②派出所 ③社区管理服务用房 ④物业服务用房	①街道办事处 ②公安派出所 ③司法所 ④物业管理服务用房 ⑤居委会 ⑥警务室	①街道办事处 ②派出所 ③城市管理监督 ④税务局、工商局等 ⑤房管办 ⑥社区事务受理服务中心 ⑦社区服务中心 ⑧居民委员会	①街道服务中心 ②派出所 ③社区服务站 ④警务室	①街道办事处 ②市政管理机构（所） ③派出所 ④治安联防站 ⑤居委会（社区用房） ⑥物业管理服务用房
金融	—	—	—	—	①银行 ②储蓄所
绿地	—	①居住区公园 ②小区中心绿地 ③组团绿地	—	—	—
交通	①出租汽车站 ②存自行车处 ③居民汽车厂（库） ④公交车站	①公交首末站 ②公共设施预留用地	—	—	①居民存车处 ②居民停车场（库） ③公交始末站
市政	①燃气调压柜（箱） ②热力站 ③室内系统覆盖机房 ④固定通信设备间 ⑤有线电视光电转向间 ⑥配电室（箱） ⑦生活垃圾分类收集点 ⑧下凹式绿地 ⑨透水铺装 ⑩雨水调蓄设施 ⑪污水处置及再生利用装置 ⑫锅炉房 ⑬固定通信机房 ⑭宏蜂窝基站机房（室外一体化基站） ⑮有线电视机房 ⑯公共厕所 ⑰邮政所 ⑱邮政支局 ⑲固定通信汇聚房 ⑳移动通信汇接房 ㉑有线电视基站 ㉒开闭所 ㉓封闭式垃圾分类收集站	①邮政支局 ②基层环卫机构 ③小型垃圾转运站 ④110kV变电站（35kV变电站） ⑤燃气服务站 ⑥自来水服务站 ⑦邮政所 ⑧环卫清扫班点 ⑨燃气中枢运调压站 ⑩垃圾分类回收点 ⑪公厕 ⑫供热站 ⑬10kV配电站	—	—	电信支局、邮电所、供热站或热交换站、变电室、开闭所、路灯配电室、燃气调压站、高压水泵房、公共厕所、垃圾转运站、垃圾收集点、消防站、燃料供应站
其他	—	—	公共服务设施预留用地	—	①其他管理用房 ②防空地下室
合计	54项	42项	19项	20项	50项

（4）指标：主要体现在类型和数值两方面。国标中的指标类型分别为项目规模、设施服务半径、设施服务人口、医疗设施床位数；市标则增加了千人指标。

北京市标与国标指标差异的根本原因为我国基层治理模式的转变。在新中国成立初期，我国城市基层社会以"单位制"为主体，借鉴苏联"居住区—居住小区—居住组团"三级居住结构模式。改革开放后，"单位制"成为历史，以基层政府为主体的基层社会管理主体与房地产开发商构成的住宅社区主体截然分开。因为房地产开发的利益倾向，导致基础公共服务设施配套不足，三级模式转向"街道—社区"两级模式。因此国标与现行基层治理模式存在偏差，需要改进。

根据以上信息，和本研究对象"小型文化服务综合建筑"密切关系的功能是社区综合服务管理类。而在社区综合服务管理中和文体设施相关的有：室外运动场地、老年活动场地、室内体育设施及社区文化设施。其指标要求如表1.2所示。

北京市居住公共服务设施配置指标   表1.2

类别	序号	层级	千人指标		最小/一般规模（m²）		内容	服务规模
			建筑面积/用地面积		建筑面积/用地面积			
社区综合管理服务	1	A	物业服务用房	30~40/—		150/—	房管、维修、绿化、家政服务等	10万~20万m²
	2	A	室外运动场地	—/250~300		—/200	达到1000人设2000平健身路径，达到3000人设标准篮球场一处，乒乓球场一处5000人安排篮球场，门球场，乒乓场各一片	0.1万~0.5万人/处
	3	B	社区管理服务用房	50/—		350/—	就业，社会保障及社区多功能活动中心，党员活动室，会议室，图书阅览等	1000~3000户/处
	4	B	托儿所	90/130		800/—	10张日间照料床位，娱乐康复设施，社区居家养老中心	0.7万~1万人/处
	5	B	老年活动站	20~25/25		200~250/—	娱乐健身康复设施，学习教育及活动场地	0.7万~1万人/处
	6	B	社区助残中心	20~25/25		200~250/—	娱乐健身康复设施及活动场地	0.7万~1万人/处
	7	C	社区服务中心	20~25/—		1000/—	社区服务管理平台	每街道1处
	8	C	街道办事处	30~40/50		1200~1500/—	街道宣传，组织人事，民政，纪律检查，武装部，工委，团委，计划生育，公共安全用房等	每街道1处
	9	C	派出所	30~40/36~50		1200~1500/1500~1800		3万~5万人/处

9

类别	序号	层级	千人指标		最小/一般规模（m²）		内容	服务规模
			建筑面积/用地面积		建筑面积/用地面积			
社区综合管理服务	10	C	室内体育设施	100/—		700~1000/—	棋牌室，健身房，室内体育活动室等设施	0.7万~1万人/处
	11	C	社区文化设施	100/—		700~1000/—	图书阅览，科技活动，辅导培训，展览展示，青少年活动，多功能影视厅等，及老年活动，音乐欣赏，茶座等交往空间	0.7万~1万人/处
	12	C	机构养老设施	240~400/—		100床3000~5000/300床9000~15000	床位及相应康复娱乐设施	1.25万~3.75万人/处
	13	C	残疾人托养所	30~50/20~60		—	床位及相应康复娱乐设施	3万人/处

2．乡镇基层公共服务设施规范体系

建设村镇级别的文化服务综合建筑是为了直接服务于村镇人民群众，周边城市建设的大规模综合体并不能直接满足基层文化需求；考虑到基层需求及经济因素，小型文化服务综合建筑的规模宜控制在合理范围内。作为可参考案例不多的新建筑类型，其职能意义接近现阶段如火如荼建设的农村文化礼堂和乡镇综合文化站，因此可参考后者的建设标准《乡镇综合文化站建设标准》（建标160—2012）及《农村文化礼堂操作手册（试行）》。

（1）选址

这两个设计参考文件都强调应选址于建制村、镇中心或人口集中、交通便利之处，同时应结合村办公场所、祠堂、广场、公园绿地等公共空间作统筹布置，可利用既有建筑改建，或和其他公共设施合建，也可独立新建。

（2）总体布局

应尊重自然环境合理布局，力求空间组织紧凑，日照及通风条件良好，注意节约用地。出入口不宜少于2个，当出入口紧邻交通干道时，应留出集散缓冲空间。

（3）建设规模

《乡镇综合文化站建设标准》（建标160—2012）第二章第八条规定，乡镇综合文化站建设根据服务人口数量（乡镇辖区常住人口）将其设置为大、中、小三种类型，建筑规模如表1.3所示。

建筑面积控制指标   表1.3

类型	建筑面积（m²）	服务人口（万人）
大型	800～1500	5～10
中型	500～800	3～5
小型	300～500	1～3
	300	1以下

来源：《乡镇综合文化站建设标准》（建标160—2012）

此外，对建筑用地控制指标作如下规定（表1.4）。

建设用地控制指标   表1.4

类型	室外活动场地面积（m²）	容积率	建筑密度（%）	备注
大型	600～1200	0.7～1.0	25～40	绿化、道路、停车场面积根据当地主管部分有关控制指标要求和实际情况确定
中型	600～1000	0.5～0.7	25～40	
小型	600～800	0.3～0.5	25～40	

来源：《乡镇综合文化站建设标准》（建标160—2012）

中共浙江省委宣传部编的《农村文化礼堂操作手册（试行）》中"礼堂建设标准"一节对于规模和建设用地根据所在地服务人口确定，也有相似表述（表1.5）。

浙江省农村文化礼堂建设指标   表1.5

类型	建设面积（m²）	参考服务人口（人）
一类	≥1000	≥2000
二类	≥500，＜1000	≥1000，＜2000
三类	≥200，＜500	＜1000

来源：《农村文化礼堂操作手册（试行）》

浙江省农村文化礼堂建设用地指标   表1.6

类型	室外活动场地面积（m²）	用地总面积（m²）
一类	≥1500	≥2000
二类	≥750，＜1500	≥1000，＜2000
三类	≥300，＜750	≥400，＜1000

来源：《农村文化礼堂操作手册（试行）》

我国行政区划的分级标准中对县级行政区组成人口数量的规定较为模糊，实际情况差异也较大，例如行政村的人口大约为100～5000人，乡级行政区一般由几个行政村组成，人口为5000～20000人，超过20000人即可建镇。文化类建筑的服务目标主要为在不同功能模式时服务不同人群。

参考我国现行建筑设计规范、《建筑设计资料集》丛书，结合我国村镇文化设施实际使用调研情况，根据不同村、乡、镇的服务人数情况，可分别设置三种规模的小型综合文化服务建筑。

建制村常住人口总数大约在5000人以下，其小型文化服务综合建筑面积小于500m²，设立为S型，其空间只需满足单一功能同一时间使用即可；行政乡常住人口总数大约在5000～20000人，其小型文化服务综合建筑面积大于500m²，小于1000m²，设立为M型，其空间需要满足至少两种功能同时使用；行政镇常住人口总数大于20000人，其小型文化服务综合建筑面积大于1000m²，小于1500m²，设立为L型，其空间需要满足至少三种功能同时使用。

综合以上标准，考虑到农村人口较少，使用需求及方式较多，面积也不宜过小，建筑面积指标采用100～200m²/千人。

具体规定如表1.7所示。

小型综合文化服务建筑建设指标　　　　　　　　　　表1.7

类型		
行政村	行政乡	行政镇
100～5000人	5000～20000人	大于20000人
村级	乡级	镇级
S型	M型	L型
建设规模		
≤500m²	≥500m²，＜1000m²	≥1000m²，＜1500m²
1层	1层	1层
≥200m²（室外场地）	≥500m²（室外场地）	≥800m²（室外场地）
同时承载功能数量（种）		
≥1	≥2	≥3
观众厅坐席数（个）		
100～300	300～500	500～800

1.3.3　发展演变研究

从现有规范指标体系可以看出，我国基层公共服务功能布置种类较多，在城市和乡镇中各有不同的表现形式。在城市中包括适老、教育、文体、社区物业管理、街道办、派出所等，在乡镇中则大多表现为文化礼堂、祠堂、工业厂房改造的文化服务空间、乡村书屋、工作站以及政府办公空间中的活动场地等。

城市方面：作为政府直接投资的基层公共文体服务设施，其发展演变状况和我国的社会经济发展状况同步，具体如表1.8所示。

基层文体设施发展演变

表1.8

发展阶段	发展背景	社区建设特征	基层文体设施建设
（1949～1977年）"单位制"和"街区制"共存	新中国成立初期百废待兴，需要有效的社会组织，推进政府工作	"单位制"：通过工作单位的形式管理社会上大部分人口 "街区制"：管理无单位的社会边缘群体	未得到关注
（1978～1990年）"单位制"的衰退"社区服务"产生	改革开放后带来经济体制的改革	①政企分开，政社分开以提高工作效率； ②"单位制"基础开始瓦解，"街区制"开始恢复； ③社区及社区服务的概念引入及不断的发展，开展各种社区服务	关注力较弱
（1991～1999年）"社区建设"概念的提出及实践	此时社会结构大变革，对社区服务提出全新要求	社区建设开始逐步走向实践，各地开始推行"社区建设试验区"	关注力较弱
（2000～2004年）"社区制"确定阶段	《民政部关于在全国推行城市社区建设的意见》颁布	①法规的颁布，以社区为单位的基层社会管理体制开始建立； ②社区建设的管理体制开始改革，减轻政府负担，促进社区自治	初步实践阶段
（2005年至今）"和谐社区"开展	党的十六届四中全会提出"构建和谐社会"	①和谐社区成为构建和谐社会的基础； ②开始研究如何开展社区建设； ③居民与社区间互动密切，促进社区服务功能的完善	高速发展阶段

乡镇方面："综合"的概念一般被运用在城市研究中，其传统意义上的大体量、优区位、多功能等特性很少被考虑在乡村建设中。近年来，随着我国乡村振兴工作的积极展开，小型文化服务综合建筑的概念才被提出，其多功能、开放性等特点使之类似于许多城市社区中心、展会游客中心等建筑。出现在乡镇的这类建筑，一方面为参考相似的城市建筑类型而来，另一方面则是由农村自古以来的祠堂等集会空间发展演变而来。

　　小型社区文化活动中心、游客服务中心等建筑类型发展较为成熟，国内外已有大量理论研究，主要聚焦于其发展脉络、建筑类型等理论总结。我国学者基于具体营造案例，就其设计方法、原则等进行讨论，其中华南理工大学马冰洋的《社区综合服务中心建筑设计研究》[1]详细研究了这一建筑类型的功能、交通和空间组织，并在此基础上进行工程项目实践。

　　一些社区文化活动中心和游客服务中心，以及展会上、公园内出现的小型临时性多功能建筑，如德国建筑事务所Ecker设计的Zimmern社区综合服务中心、OPEN建筑事务所设计的歌华营地体验中心等，都实现了在单一空间内的多功能可变。这些实例为小型文化服务综合建筑的研究提供了重要参考。

　　目前我国乡镇如火如荼兴建的文化礼堂和乡镇综合文化站，虽品质一般，效果不尽如人意，但作为村镇文化服务活动设施，对该类型的研究也有参考意义。

　　此课题的研究多以小篇幅期刊文章的形式聚焦在基层如何进行文化设施管理和服务层面，仅少量文章关注场所建设。李宇飞的《村级文化活动场所建管用初探》[2]从存在问题和解决办法两个方面研究目前村级文化活动场所；杨光明的《文化活动场所建设项目建筑设计与实现》[3]则以云南省蒋家寨村文化活动场所为例，对文化活动场所的建筑设计与建设进行分析和探究。

　　此外，自2013年起，浙江在全省境内开展农村文化礼堂的建设工作，因其活动的丰富度、空间的整合度及其作为激活乡村的重大策略，吸引了学者进行广泛研究。江苏大学的陶春斌、西北大学的陆洁、江西农业大学的谢善业等分别选择不同村镇为研究对象，就农村文化礼堂建设过程及问题展开研究。其中，中国美术学院的胡昊琪以实际设计经历为基础，在《农村文化礼堂的设计与研究》[4]一文中从剖析祠堂入手，详细探讨文化礼堂建设的可行性方法。

1.3.4　小型文化服务综合体的三大特征

　　小型文化服务综合建筑是一种新建筑类型，在建设条件、服务人群、空间组织

1　马冰洋. 社区综合服务中心建筑设计研究［D］. 广州：华南理工大学，2017.
2　李宇飞. 村级文化活动场所建管用初探［J］. 文化建设，2018（8）：45-46.
3　杨光明. 文化活动场所建设项目建筑设计与实现 施甸县甸阳镇蒋家寨村文化活动场所建设项目［J］. 中华建设. 2016（8）.
4　胡昊琪. 农村文化礼堂的设计与研究［D］. 杭州：中国美术学院，2016.

和建设目的等方面均与城市综合体、农村活动站大不相同。通过对现阶段开展的浙江省"文化礼堂"项目及我国其他村镇推进的乡镇综合文化站建设情况的整理，可总结出小型文化服务综合建筑的特殊性主要体现在功能规划、体量规模、工业推广及社区属性四个方面。

1. 激发村镇空间活力的公共性与社区性

小型文化服务综合建筑一般选址于村镇、社区中心，一方面能适当保证功能辐射范围，另一方面可提升场地可达性。功能配置上，除日常生活所需的各项文化服务设施外，场地条件较好时还可整合政府办公和文体活动。其在乡镇的作用相当于城市社区中心，是人们开展日常文化活动的重要基地。在区位优势基础上，如果能将建筑设计得更为开放，可让文化基地真正发挥多重作用，改善现阶段封闭社区和乡镇缺乏文化基础设施和活力的现象，即通过文化活动将群众聚集起来，通过交流空间沟通居民情感。在此基础上，公共性与集约性的平衡也是本设计的一个关注点（图1.1）。

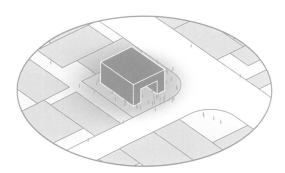

图1.1　小型文化服务综合建筑的公共性与社区性

2. 存量发展条件下的集约性要求

从建设环境来看，小型文化服务综合建筑一般位于我国村、镇、乡等经济条件欠优越地区，不同于城市中心的基层社区空间，因此，在策划、设计、建设过程中，都必须考虑经济性，过大规模和超高标准都不符合实际发展情况。基于经济成本和服务人口数量，整体化设计及聚合形态是首要原则。一方面可缩小建筑规模，减少建造成本；另一方面能将体形系数控制在较小范围，减少使用过程能耗。此外，空间聚合的建筑吸引力较好，"一站式"功能设置可提升空间使用效率，激发居民的参与兴趣（图1.2）。

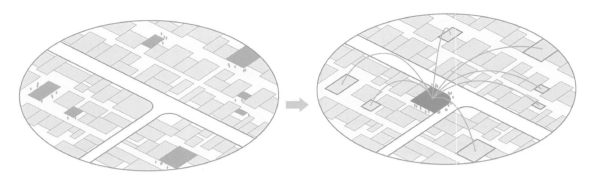

图1.2 "一站式"多功能空间聚合效应

因此，该类建筑规模需根据实际服务人口总数进行设定，参考现行规范，小型文化服务综合建筑将在300~1200m²的范围内作合理规划，这将避免因分类建设、过度建设带来的投资浪费。需注意的是，集约并不等于忽略空间品质，设计仍要考虑到文化服务载体的功能定位，根据各功能对空间形态的需求，进行相应的设备设施集成，满足各种空间模式的使用需求（图1.3）。

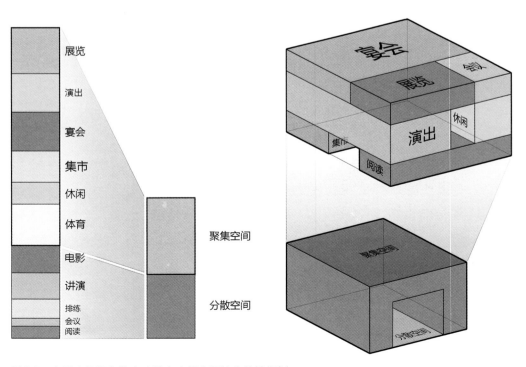

图1.3 小型文化服务综合建筑多功能空间的集约性规划

　　除了空间的集约化设计，"多功能规划""小规模"这两个特征的结合对建筑提出适应性要求，即如何在有限空间内将几种功能复合在一起，如何保证每种功能模式的使用效果，如何科学合理地收储、管理那些在个别模式中不被使用的设备设施，从而更好地实现空间切换等，都是适应性设计需解决的问题。

3. 以居民集会活动为核心的多功能规划

　　现阶段，我国基层文化服务活动大幅开展，城镇居民精神文明建设需要空间承载，除日常科普教育基地如阅览室和展览空间之外，大型集会活动包括文艺演出、礼仪活动、教育讲堂和红白喜事等也广受欢迎（图1.4）。但目前建成的传统公共文化服务设施效率低下，资源分散，制约着基层文化服务载体的多样性发展。

　　面对日益丰富的文化服务活动需求，一个能够承载不同功能的建筑类型亟待被讨论。为更好地协调大规模聚集庆典与其他日常活动需求，落地社区与村镇的小型文化服务综合建筑应为之匹配相应空间，通过分时利用实现时间上的整合，或通过分区规划实现空间上的整合。现阶段往往在室外场地或是具有单一功能的专业空间内举办各类演出、仪式和庆典活动，而在其他建筑的单个房间中安排日常活动如阅览、展览等，不仅造成使用上的不便，降低空间利用率，而且削弱功能间的连带与激活作用。对于高效、综合的小型文化建筑而言，多功能的整合是研究的重中之重。

　　综合以上对小型文化服务综合建筑的概述，可以看出其公共性、集约性、多功能适应性几个特征。虽然现阶段该建筑类型在我国乡镇的建设基本为零，但可参考

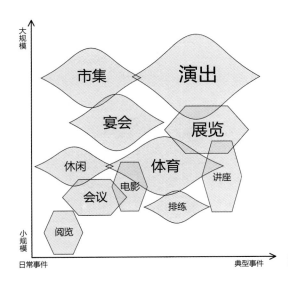

图1.4　小型文化服务综合建筑的功能承载

17

城市中与之具有相似性的建筑类型，增加研究的全面性和客观性。

从规模小、多功能和公共性的特点来看，首先可以关注起源于城市的社区活动中心这一建筑类型。社区中心一般位于社区组团内部，具有服务、文化、商业等综合性质，为居民生活提供便利，规模也根据所在社区水平各不相同，但仍属于小型建筑。虽然其整合程度一般并不高，但在空间功能配置、流线组织、管理模式等方面均有参考意义。

另一个值得关注的是由集约化和多功能要求带来的适应性空间，一般表现为一个通用的模糊功能的场所承载多种功能。在密斯提出"通用空间"理论后的半个世纪里，大量小型建筑都采取此种功能定义空间的设计思路，用以应对持续变化的人类需求和环境挑战。在此趋势下，许多诸如展会的临时展馆、景区游客中心、园区服务中心，甚至是新兴营地建筑等具有相似功能构成的小型、临时、综合的建筑类型应运而生。在长期发展中，它们在结构选型、材料利用、功能整合方式和空间变化等方面均有较为成熟的经验。因此本研究也将此类建筑纳入参考范围。

1.4 基层文化设施建设现状与案例

1.4.1 基层文化设施建设现状

基层文化设施是基层文化服务的前提条件，其建设情况与当地经济发展密切相关，差异极大。在对浙江省实践调研后发现，在经济条件好的镇上，文化设施相当完善，如杭州市萧山区闻堰镇在2007年建成文化中心，包括1084个座位、舞台面积达1000m²的剧场，以及阅览室、图书室、培训室等，图1.5为剧场一层和二层平面，图1.6为文化中心外观、剧场观众厅及前厅。

建设中的湖州市南浔区双林镇文体中心征地面积68000m²，建设用地面积20200m²，总建筑面积20490m²，文化中心配置有600人小剧场、青少年活动中心、全民健身馆、便民服务中心、综合馆和城市客厅。图1.7为文化中心设计鸟瞰图。

但对于广大基层村镇来说，文化设施建设缺乏或落后，公共文化服务体系不够完善，群众日益强烈的文化需求无法得到满足。同时，部分已有基层文化综合体在建设、使用、管理中也出现一些问题，如政府自上而下的建设模式，未适当遵循市场规律和大众需求，导致供给质量参差不齐，脱离实际需求，公众参与度不高。根据调研，浙江省农村镇级文化设施硬件条件相对较好，村级文化设施相对较差并最需完善。

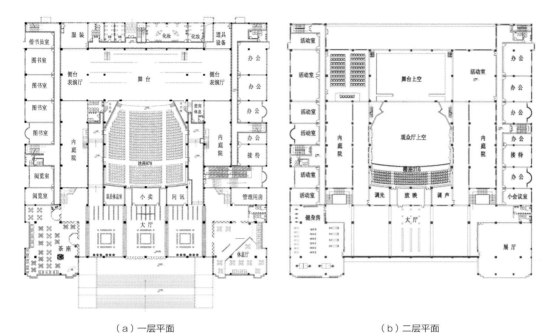

（a）一层平面　　　　　　　　　　　　　（b）二层平面

图1.5　闻堰镇文化中心平面

图1.6　闻堰镇文化中心外观、剧场观众厅及前厅

图1.7　双林镇文化中心设计鸟瞰图

　　浙江"农村文化礼堂"是目前基层小型文化服务综合体建设的典型代表。浙江从2013年起就逐步在全省范围推进"农村文化礼堂"建设工程，旨在以"文化礼堂，精神家园"为主题，提升农村文化基础设施建设水平，改善农村相对落后的公共文化服务状况，进一步满足农民群众日益强烈的精神文化需求，提高乡村文明程度和农民文明素质。农村文化礼堂是按照有标准、有网络、有内容、有人才的要求，基于传承弘扬优秀传统文化、传播社会主义先进文化、增强村民凝聚力和归属感而建设的集"思想道德、文明礼仪、文体娱乐、知识技能普及"于一体的长效型农村文化服务综合体，可由乡村原有祠堂、庙宇、旧书院、大会堂等古旧建筑改建、扩建而成，也可独立新建，主要由礼堂、讲堂、文体活动场所和展览展示设施等组成。其中，礼堂主要用于举办农村各类仪式活动；讲堂主要用于思想教育、农业科普、技能培训等活动；文体活动场所主要用于开展各类室内外文体活动；展览展示设施主要用于展示村史村貌村情、优秀传统文化、道德文明风尚、时事政策宣传等。

　　经过多年的发展，农村文化礼堂从无到有、由点及面，数量持续增加，内涵不断充实，成为浙江省广大农村的文化地标，其进度和成果超出预期。作者曾调研杭州市14家农村文化礼堂，通过实地走访、问卷调查等方式，了解到部分文化礼堂的建设现状（表1.9，图1.8～图1.12）。

浙江省部分文化礼堂面积及功能情况　　　　　　　　　　表1.9

文化礼堂	估算面积（m²）	现有功能（有：√；无：×）							
		演出	会议	展览	宴会	文体活动	儿童活动	阅览	其他
良渚村文化礼堂	1200	×	√	√	×	×	×	√	√
华联村文化礼堂	2000	×	√	√	√	√	√	√	×
绕城村文化礼堂	4500	√	√	√	×	√	√	√	√
桐坞村文化礼堂	1500	√	√	√	×	×	√	√	√
金联村文化礼堂	1600	√	√	√	√	√	×	√	√
松口村文化礼堂	1800	√	√	√	×	√	√	√	√
周富村文化礼堂	600	×	√	√	×	√	×	√	√
湖埠村文化礼堂	800	×	√	√	×	×	√	√	√
龙池村文化礼堂	950	×	√	√	×	√	√	√	√
蜀南村文化礼堂	3500	√	√	√	√	√	×	√	×
众联村文化礼堂	1600	×	√	√	×	√	√	√	√
白沙村文化礼堂	2400	×	√	√	×	√	√	√	√

文化礼堂	估算面积（m²）	现有功能（有：√；无：×）							
		演出	会议	展览	宴会	文体活动	儿童活动	阅览	其他
上城埭村文化礼堂	2600	√	√	√	×	√	√	√	√
何家埠村文化礼堂	1000	√	√	√	×	√	×	√	×

（a）演出空间　　　　　　　　　　　　　　（b）宴会空间

（c）展览空间　　　　　　　　　　　　　　（d）阅览空间

（e）会议空间　　　　　　　　　　　　　　（f）体育健身空间

图1.8　部分文化礼堂的室内空间

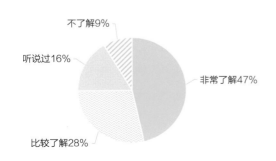

图1.9　群众对文化礼堂的了解情况

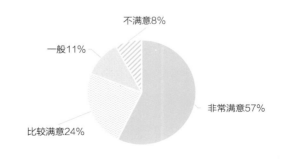

图1.10　群众对文化礼堂的总体评价

图1.11　文化礼堂开展活动的情况　　　图1.12　文化礼堂建设存在的不足

从调研结果中不难看出，文化礼堂对乡村振兴的确产生了积极作用，丰富了当地群众的精神文化生活，满足了村民的现实文化需求，提高了农民的综合素质，群众文化获得感显著增强。大部分人对文化礼堂的建设满意，8%的群众则不满意，其原因主要是文化礼堂空间布局不合理、功能不齐全、利用率不高、设施欠完善、日常管理使用不规范、活动不够丰富、群众参与度不高等。

文化礼堂活动使用频率由高到低依次为民俗活动、文艺演出、村民大会、体育健身、展览展示、评选活动、报告讲座和其他。可以看出实际使用中，民俗活动最多，主要为婚礼。因此，文化设施宜设置在村民聚居区内。

1.4.2　基层文化设施案例调研分析

1.　上城埭村文化礼堂

上城埭村文化礼堂，位于杭州市西湖区转塘街道。该礼堂为两层灰砖建筑，形态完整，古朴典雅；面积约2600m²，规模中等，建筑布局为典型传统合院形式。入口广场尺度适宜，两侧有绿化布置；门厅两层通高，空间开阔明亮，西侧墙面展示村史村貌，东侧依托当地特色茶产业设置茶文化展厅；移步向东为并列的两个中庭，分别为露天茶室和影院；中庭两侧有展示空间、茶室。西端为礼堂，可举行村民大会、小型文艺演出等活动。二层有文体活动室、档案馆、图书阅览室、春泥计划活动室等，走廊窗户为木格栅，通风良好，视线通透，光影效果丰富（图1.13、图1.14）。整个建筑围绕两个中庭组织，功能布局合理，流线清晰，空间布局形式值得借鉴。

该礼堂立足于当地特色茶文化和历史，结合乡村旅游观光建设，是作者调研的所有礼堂中管理和使用情况较好的礼堂之一。通过询问当地村民得知，礼堂常年开

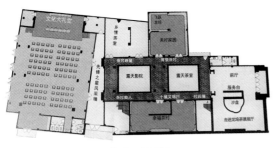 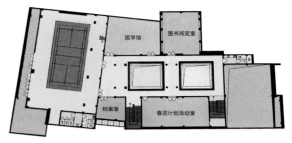

（a）一层平面　　　　　　　　　　　（b）二层平面

图1.13　上城埭村文化礼堂平面

（a）入口广场　　　　（b）门厅　　　　（c）展厅　　　　（d）中庭

（e）礼堂　　　　（f）茶室　　　　（g）国学馆　　　　（h）图书阅览室

图1.14　上城埭村文化礼堂内部空间

放供村民使用，并有专人维护管理，还有不少游客来此参观。文化礼堂建设启用以来，为村民提供了舒适的交流活动空间，大多村民愿意来此参加一些活动，并在闲暇时聚在礼堂娱乐，化解以前无处可去的尴尬；节假日，礼堂还会开展各种节庆活动或者文体竞赛活动，极大地丰富了当地群众的日常文化娱乐生活。作者调研时，正有不少老人聚在茶室里玩棋牌，也有儿童在活动室里玩耍。由此可见，该礼堂基本满足当地村民日常活动交流的需求。

2. 绕城村文化礼堂

绕城村文化礼堂位于杭州市西湖区三墩镇兰里景区，规模较大，面积约4500m²。一层为展示空间、礼堂、讲堂以及景区的办事中心，其中礼堂的空间设计很有特色，拥有传统双坡屋顶，木结构屋架直接裸露，悬挂方形吊灯，整个空间通透明亮，风格简洁大气；二层为文娱活动中心、儿童活动室、图书阅览室；三层为村委办公室，不对外开放（图1.15、图1.16）。

该文化礼堂利用区位优势，与当地旅游业融合发展，形成互利共惠的双赢局面。礼堂不仅与村委会合并设置，同时还设有景区职能部门，运营人群有管理人员和其他工作人员。举办活动时热闹非凡，平日里也是人气不断，吸引景区游客驻足参观，成为当地历史文化和风土人情的展示窗口。通过和管理人员交谈得知，一层礼堂还兼作村委会大会议室，经常召开各种会议，使用频率极高。该礼堂巧妙结合当地人文资源和旅游资源，使其发生奇妙的化学反应，值得类似建筑借鉴学习。

3. 摆陇村苗寨民俗综合体

贵阳市花溪区石板镇摆陇村，是一个典型山区苗族村寨，历史悠久。村庄全由石头砌筑，通过血缘同构与地缘结构形成稳定的空间秩序，即：父母住房和儿子儿媳住房世袭交替地围绕一个方院组成每个家庭单元，若干个家庭单元围绕一个较大的空坝组成一个直系亲属单元，若干直系单元围绕一个形似椭圆的空坝组成一个支

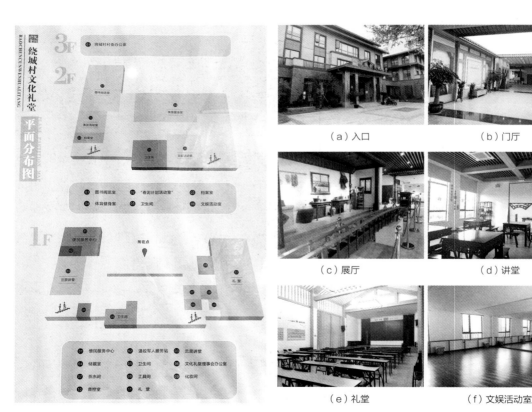

图1.15 绕城村文化礼堂平面布置图　　图1.16 绕城村文化礼堂内部空间

系亲属单元群；所有单元群围绕两个山头，以某种祭祀的仪式性，构建出一个完整的宗族体系空间系统。摆陇村苗寨民俗综合体的空间构架灵感便来源于此。

综合体内部空间围绕一个方院和一个椭圆形院落来组织。方院四周的功能空间包括村委会、医务室、活动室、图书室及会议室，方院单元又同历史与传统展厅一起环绕着椭圆形院落。建筑采用框架与砖混结构，以通用技术建造；墙体基层采用当地材料水泥砂砖，既能承重又能保温，孔隙率高，渗透性好；面层采用一层薄薄的价格低廉的层积岩青石板贴面，其表面会随着天气变化而呈现不同肌理，呼应当地民居建筑外貌（图1.17、图1.18）。

该民俗综合体最大限度地尊重环境，建筑格局延续当地文脉，与当地传统民居建筑群和谐统一；外立面形象及材料选择上，实现在地化，体现地域特色和民族特征；功能上考虑其特殊需要并结合民族旅游，突出民俗展览，是其一大特色。该建筑对当地原有空间秩序作出回应，延续当地居民的集体记忆，曾多次获得设计奖项并得到行业认可。

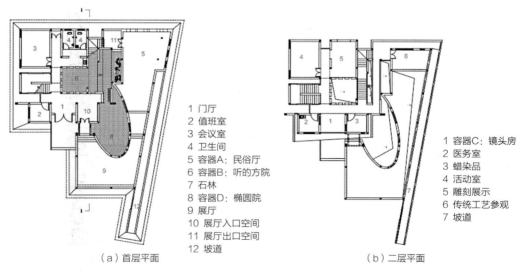

1 门厅
2 值班室
3 会议室
4 卫生间
5 容器A：民俗厅
6 容器B：听的方院
7 石林
8 容器D：椭圆院
9 展厅
10 展厅入口空间
11 展厅出口空间
12 坡道

（a）首层平面

1 容器C：镜头房
2 医务室
3 蜡染品
4 活动室
5 雕刻展示
6 传统工艺参观
7 坡道

（b）二层平面

图1.17　摆陇村苗寨民俗综合体平面

（a）入口透视

（b）立面肌理

（c）椭圆形院落

（d）屋面彩色玻璃窗

（e）方院

（f）展厅空间

图1.18　摆陇村苗寨民俗综合体实景

CHAPTER

2

综合体的公共性

公共空间是指建筑之间或建筑内部的开放区域，是为居民提供公共交往活动的物理场所。从根本上来讲，公共空间是居民日常生活的场所，其品质直接影响居民生活的满意度和舒适度。

近年来，我国新建了大量公共服务设施，但城市中许多公共空间存在橱窗化、私有化和士绅化的问题，而乡镇公共空间又因品质低下未能达到真正的开放标准，甚至在实际使用中一直在排斥真正的使用者。因此，对这一建筑类型公共性的分析研究具有一定的现实意义。

以聚焦社区、服务周边居民为目的被提出来的小型文化服务综合体在促进空间活力、激发社区聚集效应方面更是责任重大。因此无论是在文化活动依然丰富的城市环境，还是在基层文化活动正如火如荼开展的乡镇地区，即将作为主要建筑类型推广的文化服务综合体建筑，都应当将公共性与社区性作为建筑的主要特征进行考量和设计。本章基于对现有文化空间公共性的研究，试图通过对大量案例的梳理与总结，提炼出适用于小型文化服务综合体的公共性构建方法。

2.1 公共空间与公共性设计理论概述

国内关于空间公共性的研究，大致分为两类。一类主要聚焦在"宏观"层面的公共性研究上，着重将哈贝马斯（Jürgen Habermas）等人的研究成果转化到建筑理论上，而较少涉及具体空间层面。另一类则主要集中在"微观"层面的具体设计手法上。两者之间过渡性的"中观"层面以及相应的设计策略的研究较为缺少。于雷的著作《空间公共性研究》[1]则属于公共性"中观"层面研究，提出系列空间公共性视野问题，及其对应在空间上的策略。于雷提出的四种机制、两种导向及四种互动模式对本书的公共性研究具有启发意义。

---

1 于雷. 空间公共性研究［M］. 南京：东南大学出版社，2005.

2.1.1　公共性与公共空间

字面上讲，公共性指"公众的""公开的""公众享用的"等含义。公共空间有别于一般属私人领域的、非公开性质的、少数人的或者个别集团的、非公益性的空间形态。因此，是否具有与社会公众产生互动和具有公共精神是判别当代公共空间的最主要因素。[1]学者纳道伊（L. Nadai）对"公共空间"作语义历史研究并指出它作为一个特定名词出现于1950年代的社会学和政治学著作。1960年代"公共空间"概念被逐渐引入城市规划和设计学科领域，出现在芒福德和雅各布斯的著作中。[2]

公共领域的物质载体是公共空间；建筑空间承载的活动具备公共性，属于公共领域的活动，该建筑空间才可被称为"公共空间"。

2.1.2　公共空间理论框架

建筑师关于公共性的讨论，最后都要落实到空间上。如何找到空间和公共性之间的接口对深化研究极为重要。不同范畴的空间公共性表达在空间中都有其适配的作用机制类型，即空间与社会生活之间在公共性问题上的接口。

于雷在《空间公共性研究》一书中对空间的"公共性"提出四种运行机制，分别为展示机制、规训机制、对话机制和影响机制。[3]展示机制是指在公共活动与公众之间建立一种相互关系，市民公共活动成为展示主体，公众本身成为展示客体。展示机制中的空间只是作为公共活动的象征性存在，公众本身并不在场。在规训机制下，预先规定好公共活动，公众处于客体地位。规训空间单向引导、限制、规定公众行为按照一定规范来进行，从而限制公众的自由交往。在对话机制下，建筑空间提供对话舞台，鼓励不同空间使用者之间互动交流。影响机制介于展示机制和规训机制之间，一方面试图通过某种操作施加影响，另一方面又允许公众自由对话与交流，由公众定义最后结果。

上述作用机制可被分为"目的型导向机制"和"共识型导向机制"。[4]前者指公共空间中的活动及行为有预先要达成的目的，包含展示机制和规训机制。阿伦特（Hannah Arendt）认为目的性行为只适合以物的世界为对象的"工作"世界，如果

1　李昊. 公共空间的意义——当代中国城市公共空间的价值思辨与建构［M］. 北京：中国建筑工业出版社，2016.

2　陈竹，叶珉. 什么是真正的公共空间——西方城市公共空间理论与空间公共性的判断［J］. 国际城市规划，2009（3）：44-49.

3　于雷. 空间公共性研究［M］. 南京：东南大学出版社，2005.

4　同上。

将物的逻辑用于公共生活中的人，会导致人之间的等级关系。等级关系是一种单向、可预知结果的、不可逆的不平等关系。后者指人们在公共开放的空间中自由交往，在没有预设条件下达成某种共识。公众在此机制下表现出一种公共交往行为，接近阿伦特所定义的"公共活动"行为。因此建筑空间的公共性只能通过"共识类"导向机制才能实现，那么设计任务就由"如何在公共空间中获取来自公众社会的认可"转换为"如何在空间设计中体现共识导向机制"。

这两种导向机制，由于之间关系的紧密程度不同，可得出四种导向机制模式：边缘模式、并置模式、混合模式和交往模式。

1. 边缘模式

在边缘模式中，"交往活动"存在于"目的活动"的边缘地带，两类活动不直接接触，边缘模式是公共性的象征性体现，是一种最低级别的公共性。公共"交往活动"存在于建筑的边缘地带，无法和建筑内部"目的活动"进行有效互动。国内案例有北京市海淀区北部文体中心，国外有法国圣路易斯市联合论坛文体中心（The FORUM Associative）、伊朗德黑兰市无障碍文体中心（Cultural Sport Complex for Disabled）及哈萨克斯坦阿斯塔纳市少年宫（Palace of School Children）（图2.1）。

（a）北京海淀北部文化体育中心首层平面图

（b）圣路易斯市联合论坛文体中心首层平面图

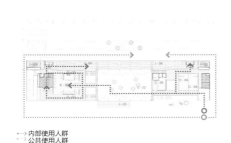

（c）德黑兰市无障碍文体中心首层平面图

（d）阿斯塔纳市少年宫首层平面图

图2.1 边缘模式案例

2. 并置模式

该模式中空间有两套活动体系，内部使用的"目的活动"及对外开放的"交往活动"。两套体系各自独立，在某些公共空间交会。相比边缘模式，其公共性更好，公共"交往活动"与建筑内部"目的活动"能够进行一定程度的交流，例如视线上的通透。但为确保流线的不交叉和管理的便捷，设计上一般会进行水平功能分区或垂直功能分区。国内外案例有江苏昆山市周市镇文体中心、四川成都市三瓦窑社区文体中心、克罗地亚里耶卡市扎美特中心（Zamet Center）、哥伦比亚圣安东尼奥德普拉市帕拉埃索文体中心（UVA El Paraíso）等（图2.2）。

3. 混合模式

在该模式中，公共"交往活动"与建筑内部"目的活动"混合在同一空间中。公共"交往活动"甚至会穿越"目的活动"内部流线体系，两套流线在公共空间处混杂交流，虽给建筑管理带来一定麻烦，却极大提升了建筑的公共品质。国内类似案例有 MVRDV 设计的深圳南山区西丽文体中心，国外案例有法国的普莱桑斯迪普什E空间（Espace Monestie）、美国康涅狄格州格雷斯农场（Grace Farms）等（图2.3）。

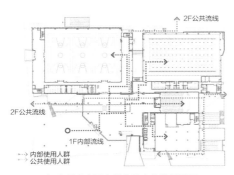

（a）昆山市周市镇文体中心首层平面

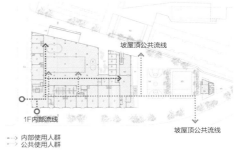

（b）成都市三瓦窑社区文体中心首层平面

（c）里耶卡市扎美特中心首层平面

（d）圣安东尼奥德普拉市帕拉埃索文体中心轴测关系

图2.2　并置模式案例

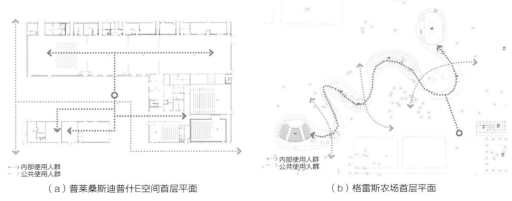

（a）普莱桑斯迪普什E空间首层平面　　　　　　　（b）格雷斯农场首层平面

图2.3　混合模式案例

4．交往模式

在该模式中，"交往活动"在空间中居主导地位，强烈反映出市民的公共性特征。此类型多见于非营利、面向大众的公共空间，属于理想的公共交往模式。该类型的基础公共文体设施有台湾宜兰地区的罗东文化工场（图2.4）。

从以上四种模式可以看出，随着"交往活动"不断介入"目的活动"，模式的公共性不断提高，这也是建筑设计的目标。

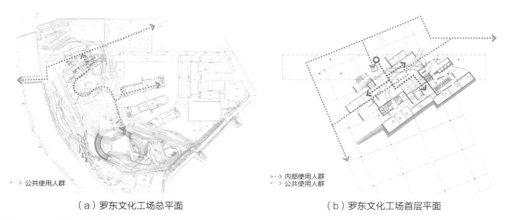

（a）罗东文化工场总平面　　　　　　　　　（b）罗东文化工场首层平面

图2.4　交往模式案例

2.2　典型案例及其公共性评价

本章通过收集、整理国内外基层文化服务设施的基本信息，从中挑选出规模处于

500～3500m²之间的"文化休闲中心""体育健身中心""文体中心"三大类共计10个典型案例，其中国内2个、国外8个，以从小到大的顺序依次进行分析，试图对案例空间的公共性作出整体评价，并从中总结出与空间公共性相关的设计要素。

1. 西溪天堂艺术中心

项目位于杭州西溪湿地东南角，建筑面积829m²，建筑功能包括400座小剧场、排练厅及化妆间等。设计分析见图2.5。

空间"公共性"设计评价：天堂艺术中心位于西湖西北方向5km的商业街区内，两条商业街转角处，市民可以通过商业街便捷地进入建筑内部。或者从建筑门厅东侧的联系通道穿越。建筑的东侧及南侧为入口门厅，相应的立面上呈现为出挑的屋檐，融合在商业街内部"小而美"的休闲文化中心天然地具有较好的"公共性"。

2. 黑匣子体育活动中心

项目位于成都静居寺，建筑面积为900m²，建筑功能主要为室外篮球场、瑜伽健身房、餐饮休息、艺术展览等。设计分析见图2.6。

空间"公共性"设计评价：项目位于一片成熟的居住区内，三组不同方向开放性的白色体块切入城市老旧社区空置的荒地上，建筑形态完全融合在周边的城市肌理中。三组盒子围绕室外活动中心的庭院布置。所有的交通流线、空间转换都围绕中部庭院展开。由于市政管理的不确定性而给建筑功能带来的不确定性，使得形态具有较强的"非正式感"和"临时感"，而正是这种"非正式感"使得建筑变得容易接近，使得"小而美"的体育健身场地能够很好地服务于基层社区。

3. 南安普顿临时表演中心（Temporary Setting for Performance）

项目位于英国南安普顿，建筑面积为1000m²，功能为开放式剧场及剧场舞台下相应的配套商业设施等。设计分析见图2.7。

空间"公共性"设计评价：该临时建筑建造在当地市中心的广场上，原本就属于城市公共空间，新增的临时剧场无疑为城市的公共空间提供了更好的停留空间。在坡形的舞台下面是酒吧和一些服务空间，使得该文化休闲中心成为全天候的公共服务空间。总之，"小而美"的公共服务设施插入到传统的城市肌理中，均能发挥很好的城市公共空间的作用。

4. 普瓦泰隆文体中心（Poix-Terron Cultural and Sport Centre）

项目位于法国普瓦泰隆小镇。建筑面积为1230m²，建筑功能包括社区多媒体图书室及室内篮球场地等。设计分析见图2.8。

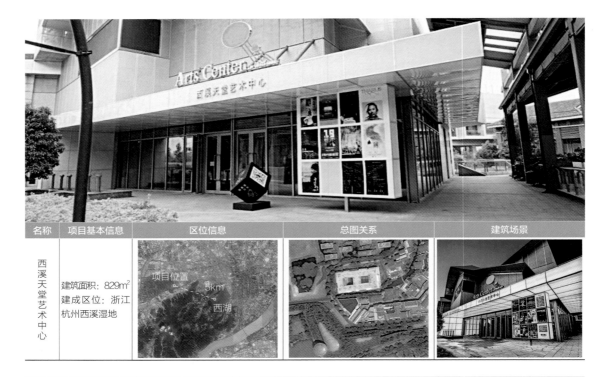

名称	项目基本信息	区位信息	总图关系	建筑场景
西溪天堂艺术中心	建筑面积：829m² 建成区位：浙江杭州西溪湿地			

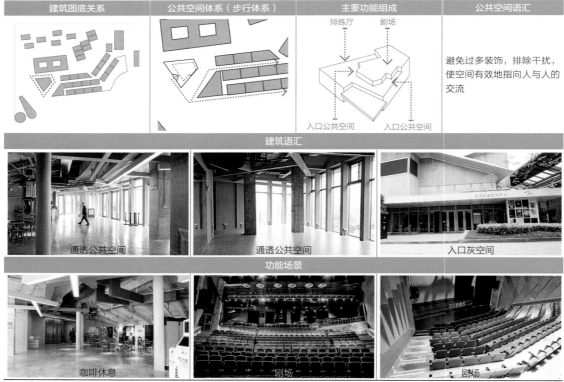

图2.5　西溪天堂艺术中心

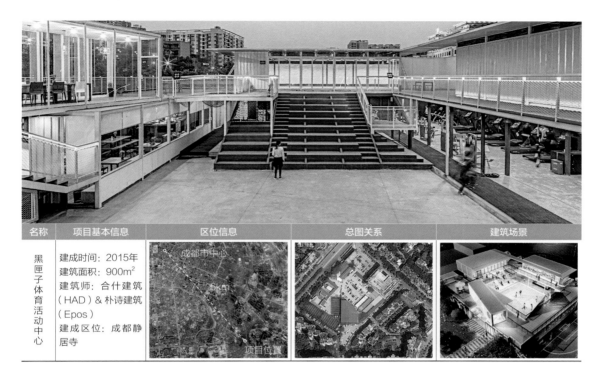

名称	项目基本信息	区位信息	总图关系	建筑场景
黑匣子体育活动中心	建成时间：2015年 建筑面积：900m² 建筑师：合什建筑（HAD）& 朴诗建筑（Epos） 建成区位：成都静居寺			

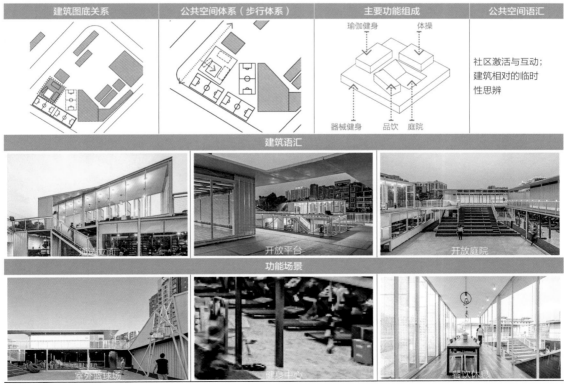

图2.6　黑匣子体育活动中心

名称	项目基本信息	区位信息	总图关系	建筑场景
南安普顿临时表演中心	建成时间：2014年 建筑面积：1000m² 建筑师：Architects Assemble 建成区位：英国南安普顿市			

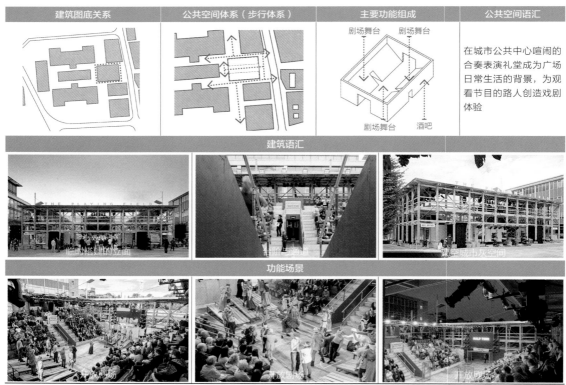

图2.7 南安普顿临时表演中心

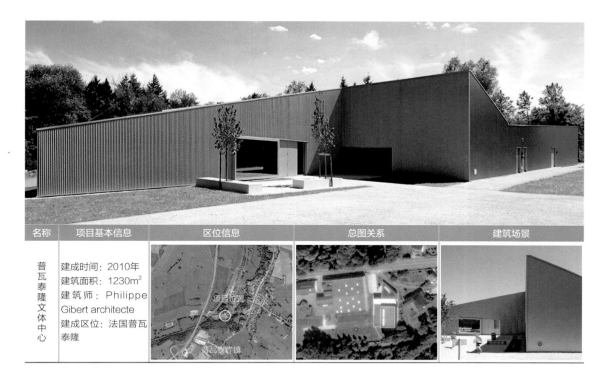

名称	项目基本信息	区位信息	总图关系	建筑场景
普瓦泰隆文体中心	建成时间：2010年 建筑面积：1230m² 建筑师：Philippe Gibert architecte 建成区位：法国普瓦泰隆			

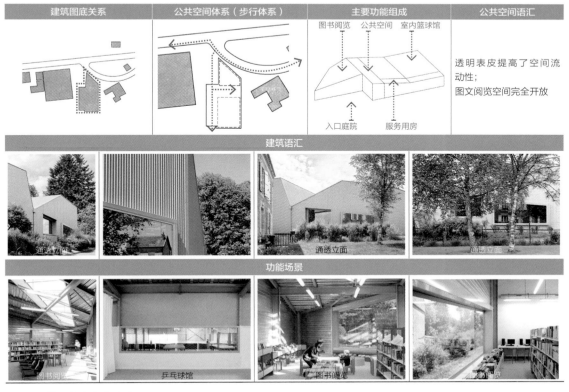

图2.8　普瓦泰隆文体中心

建筑师菲利普·吉尔伯托（Philippe Gibert）对空间公共性设计策略的描述如下：建筑分为两个功能部分，通过庭院进入，赋予其公共建筑地位。建筑由共享大厅、延伸的前庭、开放的媒体库和体育馆，以及展览、接待和会议空间组成。

各功能块间的透明度提高了空间公共性，有助于两种功能的共存和互补。金属表皮增强了这种互补性。媒体图书馆是完全开放的。健身房部分拥有柔和的光线自然和开阔的自然景观。

文体中心空间"公共性"设计评价：项目位于法国普瓦泰隆小镇西侧，小镇规模很小，该建筑局部的坡屋顶体量，使其融入当地的建筑肌理之中。建筑场地选址于小镇主干道路南侧，通过退让出一个小的庭院，提供了一个缓冲空间。高低错落的屋顶、大小不一的窗洞及较为非正式的压型钢板立面，营造出容易亲近的建筑印象。

5. 扎寺公共剧院（Za Koen Ji Public Theatre）

项目位于日本东京，建筑面积为1300m²，建筑功能主要为剧场及公共活动空间。设计分析见图2.9。

空间"公共性"设计评价：扎寺公共剧院位于东京市区居住区内。场地原为该区域的市民会馆，后改建为以戏剧表演为主的市民活动中心。周边全部为居住区，剧场很好地融入了当地的城市肌理之中。剧场内部没有表演时，这里就是一个完全开放的空间，并与广场相接。由于屋顶挑高且无固定墙体遮挡，此剧场可提供多种表演活动。

6. 莫洛体育场（Arena do Morro）

项目位于巴西滨海城市纳尔塔，建筑面积1964m²，建筑功能为室内足球场、舞蹈室及相应的配套设施。设计分析见图2.10。

空间"公共性"设计评价：项目坐落在滨海沙丘的自然保护区和城市住区之间，建筑设计通过使用一个巨大的屋顶创造出开放的公共空间，倾斜屋顶的两端向周边的社区敞开，并诱导人们进入建筑。夜间该建筑则成为一个巨大的发光灯笼，它将自然环境和城市环境的作用转化为公共场地和体育、休闲、文化活动的焦点。

7. 波瓦桑浴场（Municipal Pools of Povoação）

项目位于葡萄牙小镇波瓦桑，建筑面积为2000m²，建筑功能为室内游泳馆。设计分析见图2.11。

空间"公共性"设计评价：基地东侧为室外足球场，其他方向均为景观坡地，

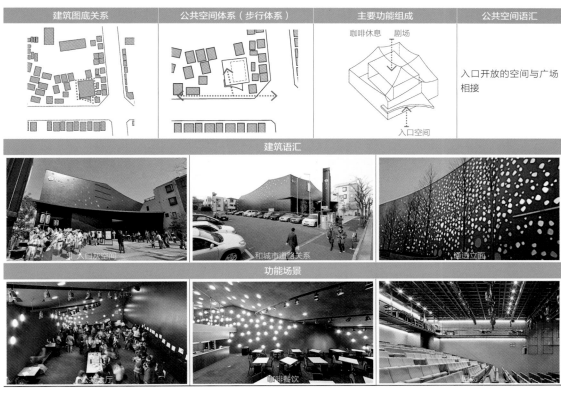

图2.9 扎寺公共剧院

名称	项目基本信息	区位信息	总图关系	建筑场景
莫洛体育场	建成时间：2014年 建筑面积：1964m² 建筑师：赫尔佐格和德梅隆（Herzog & de Meuron） 建成区位：巴西纳塔尔			

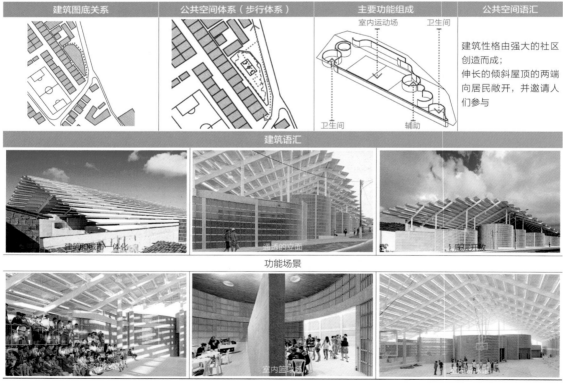

图2.10　莫洛体育场

名称	项目基本信息	区位信息	总图关系	建筑场景
波瓦桑浴场	建成时间：2008年 建筑面积：2000m² 建筑师：Barbosa & Guimarces 建成区位：葡萄牙波瓦桑			

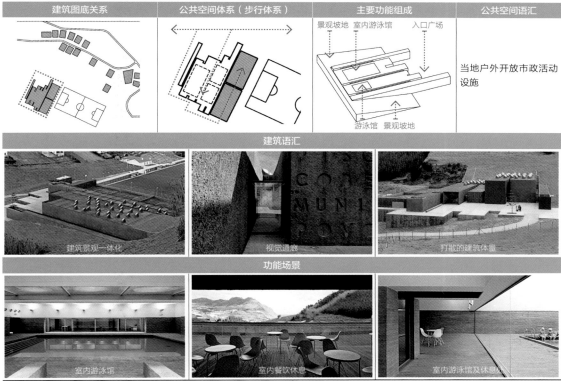

图2.11 波瓦桑浴场

自然条件优越。设计将建筑体量化解为五组水平模块，模块间为通透的玻璃幕墙，建筑屋顶和山体融为一体。稍显遗憾的是，屋顶并无可以让人通行的步行系统，建筑的人流主要通过北侧入口广场进入。

8. 纽瓦克TREC社区居住中心（TREC Newark Housing Authority）

项目位于纽约纽瓦克社区，在纽瓦克工业区和住宅区之间，建筑面积为2100m²。由于社区附近缺乏教育机构，TREC社区居住中心能够为社区提供相应的公共服务。建筑功能有室内篮球场、图书馆及相应的教育培训教室。设计分析见图2.12。

ikon.5建筑师事务所对空间公共性设计策略的描述如下：透明材质包裹下的空间仿佛是一个希望的灯塔，一个聚会、学习和娱乐的去处。该建筑独有的造型和玻璃幕墙矗立于一个极度缺乏通透性的公共住房社区内，路过的居民可以透过玻璃看到建筑物内部的各种活动，感受到其散发出的活力，让居民了解社区对居民的未来所作出的努力和支持。这种适度的城市建筑输入能够改造其所在的社区，激励其中的居民，并且为他们提供获得成功的方法和途径。[1]

空间"公共性"设计评价：项目位于纽约纽瓦克的社区内，离纽约中心曼哈顿约16km，属于城市近郊范围。建筑内部贯穿南北的公共交通空间将建筑划分为两个区域，东侧为教育培训，西侧为室内篮球场及体育锻炼区域。场地四周均为居住区，建筑可达性良好，入口的三角形城市灰空间，成为城市和建筑良好的过渡区域。通透的玻璃幕墙向四周的社区展示内部活动，积极引导周边人群来使用建筑。

9. 哥本哈根文体中心（Sports & Culture Centre）

项目位于丹麦哥本哈根市，离市中心约2km，建筑面积为2700m²，建筑功能包括文化设施部分及室内足球场。设计分析见图2.13。

Dorte Mandrup建筑师事务所对空间公共性设计策略的描述如下：这个项目最大的特点就是大面积的半透明膜结构，覆盖着运动场和文化中心。建筑的结构由钢和木头组成，覆盖有乳白色聚碳酸酯。在白天的时候，这种半透明的材料提供了非常好的采光条件；在夜晚的时候，它又让建筑以一个发光水晶的形象呈现在人们面前。该文体中心被用于各种日常运动和文化活动，比如音乐会和戏剧表演。室内动

1　https://www.archdaily.com/870345/trec-newark-housing-authority-iko-architects

名称	项目基本信息	区位信息	总图关系	建筑场景
纽瓦克TREC社区居住中心	建成时间：2016年 建筑面积：2100m² 建筑师：ikon.5建筑师事务所 建成区位：纽约纽瓦克			

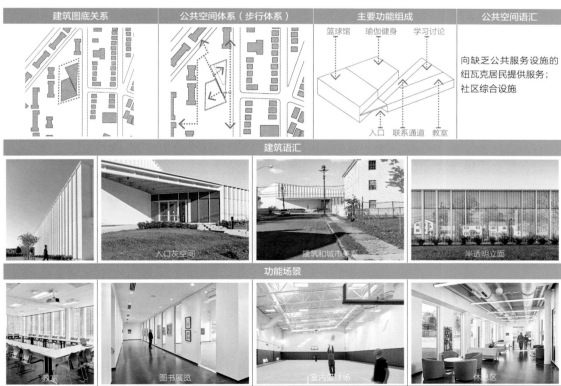

图2.12　纽瓦克TREC社区居住中心

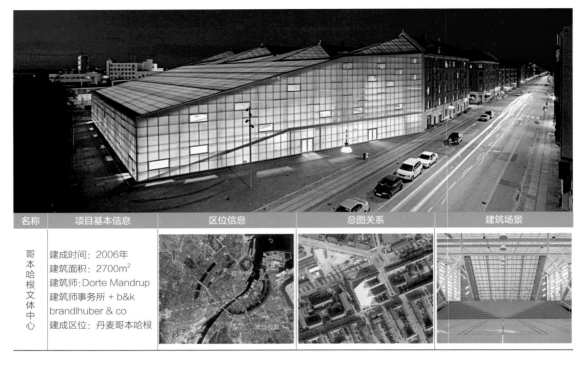

名称	项目基本信息	区位信息	总图关系	建筑场景
哥本哈根文体中心	建成时间：2006年 建筑面积：2700m² 建筑师：Dorte Mandrup 建筑师事务所 + b&k brandlhuber & co 建成区位：丹麦哥本哈根			

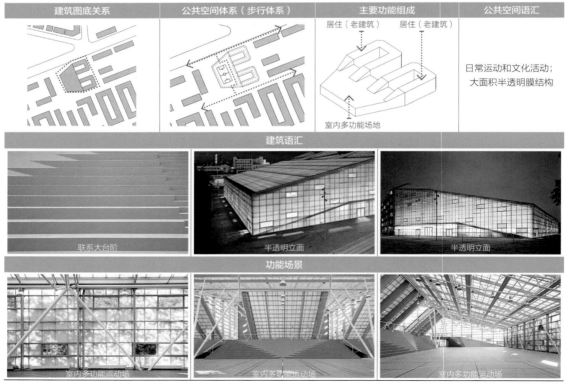

建筑图底关系	公共空间体系（步行体系）	主要功能组成	公共空间语汇
		居住（老建筑）　居住（老建筑） 室内多功能场地	日常运动和文化活动； 大面积半透明膜结构

建筑语汇

联系大台阶　　　半透明立面　　　半透明立面

功能场景

室内多功能运动场　　　室内多功能运动场　　　室内多功能运动场

图2.13　哥本哈根文体中心

感的景观设计创造了不同层发生不同活动的可能性，并在视觉上联系在一起。[1]

空间"公共性"设计评价：项目位于哥本哈根市成熟区域，周边均为长条状公寓建筑，加建的文体中心和周边古老的红砖建筑形成强烈的对比。建筑的半透明特征呈现"临时性"的大棚形态，体现了建筑的非正式性，从视觉上提高该建筑的公共性，从而鼓励人们使用它。

10. Ku.Be运动文化之家（Ku.Be House of Culture in Movement）

项目位于丹麦哥本哈根，建筑面积为3200m^2。建筑功能有小剧场、攀岩、儿童体育锻炼等。设计分析见图2.14。

建筑设计团队MVRDV和ADEPT对空间公共性设计策略的描述如下：这座运动文化中心是为弗雷德里克斯堡（Frederiksberg）地区设计的，它将是这个地区甚至整个哥本哈根的一个焦点。它是一个让人们可以自主决定并且根据用户的具体要求和需要发展其功能的运动文化中心。这个项目属于一种新的类型学，它为了回应一个简单的要求发展而来，即建造一个能够吸引人们前来并且提高他们生活质量的建筑。

MVRDV和ADEPT的解决方案是，将戏剧、体育和学习等功能融入一个空间，在这个空间中，无论年龄、能力或兴趣如何，人们的身体和精神都可以被激活，使陌生人之间也可以建立联系，促进人们的健康生活。[2]

空间"公共性"设计评价：从建筑师的设计分析图可以看出，该建筑的设计概念就是将一堆形态各异的功能块堆积到一个矩形的盒子内部，然后将超出边界的部分裁切掉。各个功能块之间留下的大量不规则的间隙便是该建筑的公共空间。建筑的底层共有四个形态各异的功能块，在功能块之间便是供人穿越的内部功能空间，同时，这些室内公共空间通过通透的玻璃幕墙上的门提供给人们自由贯穿场地内外的路径。此外，由于形态操作留在立面上的窗墙关系呈现出非正式的随机状态，也消解了建筑的严肃性。因此可以说，该建筑的设计达到了设计师期望的提高建筑公共性、给陌生人建立联系从而整合社区的目的。

1　https://www.archdaily.com/6630/sports-culture-centre-dorte-mandrup-bk-brandlhuber-co/

2　https://www.archdaily.com/794532/ke-house-of-culture-in-movement-mvrdv-plus-adept

名称	项目基本信息	区位信息	总图关系	建筑场景
Ku.Be 运动文化之家	建成时间：2016年 建筑面积：3200m² 建筑师：MVRDV和ADEPT 建成区位：丹麦哥本哈根			

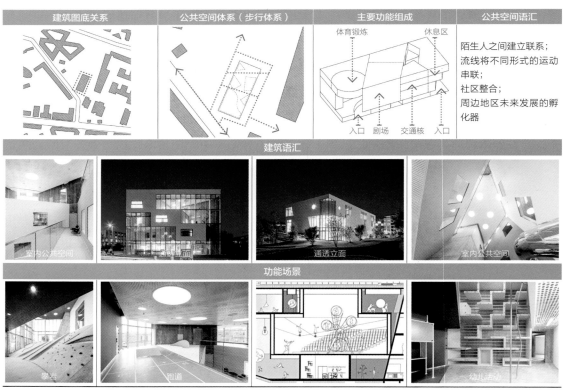

图2.14　Ku.Be运动文化之家

2.3　基层文化服务设施空间公共性设计要素

通过典型案例的公共性评价，可以总结出影响基层文化服务设施空间公共性的设计要素分别为项目区位、建筑图底关系、公共空间体系、功能组成。

2.3.1　项目区位

区位对基层文体中心的使用及公共性影响较大，通过对比分析10个案例基层文化服务设施的区位，我们可以将其大体分为三类。第一类位于城市中心，服务人口数量相对较大，其公共性的辐射范围也更为广泛。如位于日本东京的扎寺公共剧院、中国成都的黑匣子体育活动中心和丹麦哥本哈根文体中心。第二类位于近郊或小城镇，部分距离城镇中心1～2km，在城镇交通要道上，方便市民使用，建筑使用的公共性良好。如美国纽约TREC纽瓦克社区居住中心、葡萄牙波瓦桑浴场、法国普瓦泰隆小镇的文体中心。第三类位于自然景区或是临时建筑，如英国南安普顿临时表演中心位于城市广场上，中国杭州西溪天堂艺术中心位于离城区约5km的景观湿地内，巴西的莫洛体育场则位于滨海城市纳尔塔的自然保护区外。

综上，基层文化服务设施大多选址于城市成熟区域，从公共使用角度来看更加合理（图2.15）。部分文化服务设施建设于城市发展阶段，体现为城市未来发展超

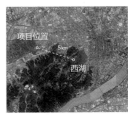

（a）西溪天堂艺术中心

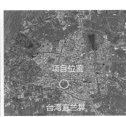

（b）罗东文化工场

（c）首尔城东区文化及福利中心（Seong Dong Cultural & Welfare Center）

（d）扎寺公共剧院

（e）南安普顿临时表演中心

（f）阿哥拉社会及文化中心（Agora Social Cultural Center）

（g）贝林艺术中心（Verin Art Ceter）

（h）普拉森文化中心（Plassen Cultural Center）

图2.15　各案例区位图

前提供基础公共服务设施。在基层文化服务设施的推进工作中，靠近交通要道、可达性高、位于成熟社区之间仍是区位选择时的重要考虑因素。

2.3.2 建筑图底关系

作为常用的设计分析手法，图底关系能用来描述建筑室外空间与周围环境的围合度及与城市肌理的契合度。图底关系表现越好，建筑与城市看起来就更加融为一体。图底关系会反映出城市肌理的割裂与连续、建筑形态的融合及尺度的反差（图2.16）。

从分析的10个基层文化服务设施的"图底关系"对比中可以发现，"图底关系"最好的是巴西的莫洛体育场，建筑的肌理几乎和原有城市融为一体。

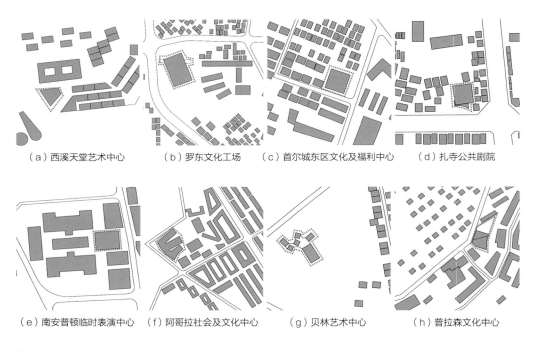

（a）西溪天堂艺术中心　　（b）罗东文化工场　　（c）首尔城东区文化及福利中心　　（d）扎寺公共剧院

（e）南安普顿临时表演中心　　（f）阿哥拉社会及文化中心　　（g）贝林艺术中心　　（h）普拉森文化中心

图2.16　各案例图底关系

2.3.3 公共空间体系（步行体系）

作为公共建筑的文化休闲中心，设计完善的步行体系至关重要。分析对比10个案例可以发现，营造建筑公共体系的手法众多，如建筑底层架空，屋顶提供宜人的灰空间，通过台阶坡道和电梯联系首层和空中景观平台，形成一个完整、开放、立体的步行体系；通过建筑设计手段营造出完全开放及24小时全天候使用的公共空间，公共人行流线贯穿建筑的每个层高，从而形成完善的立体公共空间体系；在地景式建筑中通过巧妙的场地设计，将建筑融入场地的立体步行体系中，使用者可自由地贯穿场地各个标高，随意选择穿越还是进入到建筑不同标高的使用空间中。除此之外，表现欠佳的是将所有公共空间体系局限在首层平面，缺乏立体公共空间体系建构。

反观，封闭的立面处理及局促的主入口空间会使得公共空间体系效果较差，巨大体量带来形式上的压迫感，使场地无法被自由穿越，也会降低该区域的公共性（图2.17）。

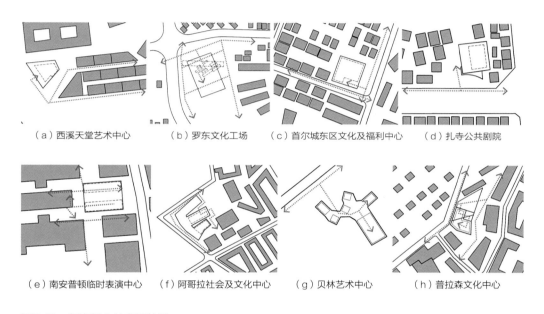

（a）西溪天堂艺术中心　　　（b）罗东文化工场　　　（c）首尔城东区文化及福利中心　　　（d）扎寺公共剧院

（e）南安普顿临时表演中心　　　（f）阿哥拉社会及文化中心　　　（g）贝林艺术中心　　　（h）普拉森文化中心

图2.17　各案例公共空间体系

2.3.4　功能组成

作为关键的功能组成部分，公共空间与其他功能进行组合，是重要的设计策略。10个案例的功能组成的对比分析结果表明，基层文化服务设施的"功能组成"模式主要分为水平组织模式、垂直组织模式和混合模式。水平组织模式一般用于场地较为宽敞的区域，各功能模块水平展开，其中公共空间一般为它的一部分。而在人口密度较高的区域，如城市中心区，则倾向于采用垂直组织模式，通过垂直模块之间的错动来提供通道、平台等公共空间，公共空间一般为垂直叠加的一部分。此外，中小型文化服务中心则采用混合模式，该类型的文体中心由于面积小，公共空间和其他部分空间有机地混合在一起（图2.18）。

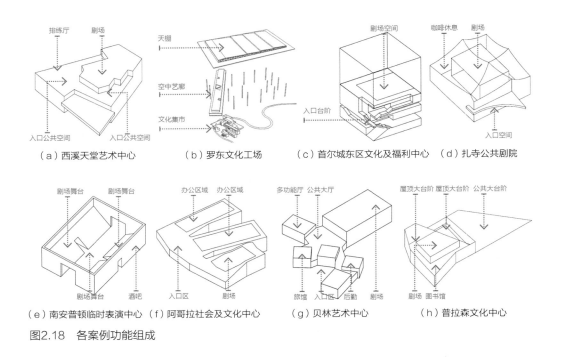

（a）西溪天堂艺术中心　　　（b）罗东文化工场　　　（c）首尔城东区文化及福利中心　　（d）扎寺公共剧院

（e）南安普顿临时表演中心　（f）阿哥拉社会及文化中心　　　　（g）贝林艺术中心　　　　　　（h）普拉森文化中心

图2.18　各案例功能组成

通过对典型案例的综合对比分析及对"公共性"的总体评价，可以发现，基层文化服务设施的项目区位、图底关系、公共空间体系及功能组成对建筑的公共性营造起到决定性作用。

2.4　空间公共性建构模式

于雷的《空间公共性研究》提出了关于公共化过程中三种不同的环境塑造模式，它们分别是场合线索的塑造、身份线索的塑造及行为线索的塑造。

2.4.1　交往活动场合线索的塑造

既定的建筑原型可能会对建筑公共活动产生压力，导致不平等的交往。而非正式的活动则有助于提高建筑空间的公共活力。在基层文体设施中，不少建筑的立面形态较为严肃且封闭，如此的设计手法容易使得建筑产生距离感，从而降低建筑的公共性的使用，如伊朗德黑兰市无障碍文体中心的大面积素混凝土墙面，我国香港的天水围康体中心深色的石材幕墙及上海安亭镇文体活动中心大面积的石材幕墙及其完美的几何比例等；葡萄牙阿加尼尔的银镍陶瓷工厂（Ceramic of Arganil）和南京栖霞区文体中心的立面采用简洁的竖向线条，都使得建筑产生了如同博物馆一般的"正式感"，不利于诱导人们对建筑的使用（图2.19）。

反观另外一些设计，通过活泼的建筑语言打破建筑的"正式感"，从而营造出较为友善的公共空间。如深圳南山区蛇口街道文体中心通过将建筑形态打散，形成参差不齐的阳台，各种阳台和架空层一起组成一个"非正式感"的城市灰空间。粤海街道文体中心则通过错动的体量和大型自动扶梯将文体中心视觉形象做出商场的既视感。西丽文体中心则将建筑打散成被切削的椭球体、立面形态各异的矩形盒子及屋顶内凹的弧形屋面等，高低起伏的坡道结合形态各异的建筑就如同游乐场一般欢乐且容易接近（图2.20）。

（a）德黑兰市无障碍文体中心

（c）上海安亭文体中心

（b）香港天水围康体中心

（d）阿斯塔纳市少年宫

（e）阿加尼尔银镍陶瓷工厂

（f）南京栖霞区文体中心

图2.19 "正式感"降低公共性使用

（a）深圳南山区蛇口街道文体中心

（b）深圳南山区粤海街道文体中心

（c）深圳西丽文体中心

（d）里耶卡市扎美特中心

（e）Ku.Be 运动文化之家

（f）格雷斯农场

图2.20 "非正式感"营造友善的公共空间

2.4.2 交往活动身份线索的塑造

建筑是具体的形态，不同的形态会形成不同的空间趋势，有些就逐渐变成不同的空间等级，空间等级就对应不同的身份等级。

空间去等级化，是让使用空间的主体感受到身份平等，自由开放的场景有利于人们的积极使用。具体在设计中表现为色彩、材质、高差、视线设计等不同，产生的空间等级也不同。

（1）色彩处理：玉祁文体服务中心黄色的格栅幕墙，联合论坛文体中心中红色的金属网立面，Ku.Be运动文化之家室内黄蓝红原色的墙体，卡斯特利社区中心（Community Centre Kastelli）立面错缝布置的深绿和浅绿，帕拉埃索文体中心艳丽的红色和黄色，以及吉朗贝尔邮政山胜田中心（Katsumata Centre）的红色金属幕墙，都采用了鲜艳的色彩，大大去除了文体中心建筑的空间等级，使得建筑变得活泼，容易亲近，诱发人们对建筑的使用（图2.21）。

（2）高差处理：高差的存在，给人们使用建筑带来一定的麻烦，有些设计刻意利用高差使得建筑产生威严感，从而让空间具有"等级"。而"公共性"良好的建筑空间，则是充分利用高差，让人们体验到克服高差的愉悦感，从而提高建筑的公共性。在里耶卡市扎美特中心、帕拉埃索文体中心、克鲁诺文化馆（Curno Public

（a）玉祁文体服务中心

（b）联合论坛文体中心

（c）Ku.Be 运动文化之家

（d）卡斯特利社区中心

（e）帕拉埃索文体中心

（f）吉朗贝尔邮政山胜田中心

图2.21 去等级化的色彩处理

Library and Auditorium）中，建筑本身化身为整合场地高差的工具，使用者能够通过步行跨越建筑，而坎贝尔体育中心（Campbell Sports Center）、科莱吉奥·拉恩塞南扎音乐厅（Auditorio Colegio la Ensenanza）、格雷斯农场则是通过步行线路结合高低起伏的景观场地，使得高差变成一种景观体验（图2.22）。

（3）视线设计：不同的视线观看角度，体现了人与人之间的关系。在之前分析的文体中心中不乏类似案例，克莱顿社区中心（Clayton Community Center）中健身房和室内游泳馆之间为通透的玻璃幕墙，彼此之间的视线对等且通畅。而在约翰·M.哈珀图书分馆（John M. Harper Branch Library& Stork Family YMCA）和埃克塞尔西奥·斯普林斯社区中心（Excelsior Springs Community Center）中，置于篮球场上方的运动跑道，让跑步锻炼的人和篮球场训练的人们视线彼此能够通畅（图2.23）。这些通透的视线处理方式使得建筑中的人体会到公平与对等。因此，公平与对等的建筑使用场景有助于扁平化空间的"身份等级"，从而提高建筑的公共性。

（a）里耶卡市扎美特中心

（b）坎贝尔体育中心

（c）帕拉埃索文体中心

（d）科莱吉奥·拉恩塞南扎音乐厅

（e）克鲁诺文化馆

（f）格雷斯农场

图2.22　去等级化的高差处理

（a）克莱顿社区中心

（b）福斯特家庭休闲中心（Bill R. Foster and Family Recreation Center）

（c）埃克塞尔西奥·斯普林斯社区中心

（d）克利尔维尤社区中心（Clareview Community Recreation Center）

（e）克利尔维尤社区中心

（f）约翰·M. 哈珀图书分馆

图2.23 视线设计案例

2.4.3 交往活动行为线索的塑造

在建筑设计中，人的行为大多体现在流线设计上，空间流线是引导人们在建筑内活动的重要参照。通过流线可以对公共活动中人的身体施加影响，这些身体线索会帮助人们对周边环境进行判断。

在设计中对不同流线的等级划分就意味着交往的不平等，打破流线分级成为促进交往活动的重要行为线索。

流线的规定性促成了规训机制的发生，在场地内自由地漫游可以消解规训机制的作用。在前文分析的文体中心也有很多类似的漫游设计手法，如各种人均可以在普莱桑斯迪普什E空间的公共广场中随意穿梭，而墨西哥圣贝尔纳韦社区中心（Community Center San Bernabe）的设计初衷也应该是人们在一个类似周边城市肌理的建筑中漫游（建成后业主将开放场地全部加上了金属格栅），而在格雷斯农场的设计中，社区的人们可以自由穿梭在建筑和景观坡地中（图2.25）。

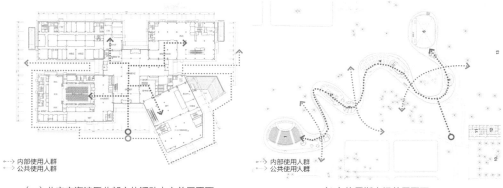

·--> 内部使用人群
·--> 公共使用人群

·--> 内部使用人群
·--> 公共使用人群

（a）北京市海淀区北部文体活动中心首层平面 　　　　　　　　　（b）格雷斯农场首层平面

图2.24　流线去等级化分析

（a）普莱桑斯迪普什E空间 　　　　（b）圣贝尔纳韦的社区中心 　　　　（c）格雷斯农场

（d）福斯特家庭休闲中心 　　　　（e）曼尼托巴大学学生活动中心 　　　　（f）克鲁诺文化馆
（The Active Living Centre）

图2.25　漫游建筑分析

CHAPTER

3

综合体的集约性

3.1 集约化设计理论概述

"集约化"并不是一个起源于建筑学的概念，但是自生态建筑、绿色建筑、可持续建筑的呼吁在建筑学领域被提出之后，对集约化设计的讨论就从未停止。探究其来源有利于更好地理解其真正的含义。集约化最早是一个形容农业生产的词汇，后被用于经济管理领域，强调投入的"最小化"和回报的"最大化"，是一种长远的投资、经营和管理思维。建筑自设计阶段开始，就是一个能源消耗的过程，因此建筑的集约化研究是非常有必要的。

最早进行集约化讨论的是城市规划领域。20世纪60年代，以霍华德的"田园城市"为代表，一批城市规划学者为了抵抗郊区的无休止扩张而主张土地的集约利用；后来现代主义城市规划理论，如《雅典宪章》中对功能分区的强调也是秉持着应该将城市视为一个整体进行开发和设计的理念；紧接着，到了90年代，城市问题带来矛盾重重，欧洲学者率先提出了"精明增长""紧凑城市"的理念，主张城市的存量发展，遏制无节制扩张，倡导可持续的发展理念。总的来说，这一系列城市集约化理论的发展聚焦的是城市的高密度开发、土地资源的有效利用，并在此基础上产生了城市商业、文化综合体、TOD模式等建筑类型。

面对乡镇小型文化服务综合建筑的设计和研究，集约化理念的提出有三个方面的理由：①土地资源的集约利用是未来所有建设活动应该坚持的首要原则，不能因为农村土地资源暂且富裕就大肆浪费，现阶段要为以后的可持续发展作好准备；②集约化理念所强调的功能复合化、建筑整体化、空间紧凑化等原则与乡村的诉求不谋而合，面对丰富的文化功能需求，若不加以整合，建筑的规模和形态都无法与村落肌理进行融合；③本书希望建筑师用自上而下的介入方式，去缓解基层现阶段散乱建设带来的浪费；当地自由建设的方式在一定程度上缺乏全局性思维，不能以长远的目光进行统筹考虑；对于这种新建的示范性项目，建筑师的作用即运用专业的知识，对各个功能进行整体考虑，对该建筑的全生命周期进行适应性设计，能够在结构、空间、形态等各个方面做到以最小的投入换取最大的收益。

笔者对目前建筑领域以"集约化"的思路进行研究的理论和学术研究成果进行整理后发现，理论研究的关注点大致可分为三个方向。

（1）聚焦于城市建筑，如综合体建筑、校园建筑、体育馆建筑等大型综合建筑的集约化设计，主要研究其功能复合的高效性及其带来的聚集效应。

（2）随着研究的深入，一部分学者开始关注小型集成住房领域的研究，一方面是因为人们经济水平提升，度假旅游的需求增长，度假屋、房车这种高度集成的小型居住空间广受欢迎；另一方面是全球灾难频发，灾后应急建筑领域一直备受关注。由于体量小、临时性高的特点，此类建筑的集约化研究更偏向于室内的集成化设计，即如何尽可能地缩小家具、设备的尺寸，将其整合在建筑墙体、柜体中，以增大活动空间的面积。

（3）除了功能和空间的研究外，还有一些学者致力于从结构的角度进行集约化设计的研究，即如何通过尽可能小的结构重量覆盖尽可能多的室内空间、承载尽可能大的荷载等问题。通过向自然学习，开创了建筑仿生学的研究，是集约化设计的主要方向之一。

3.1.1　以功能复合为导向——提升聚集效应

虽然建筑的功能复合是紧凑城市发展出的必然结果，但是自现代主义建筑师们对僵化的功能主义进行反思之际，就已经显示出集约化设计的思路了。

20世纪50年代，现代主义大师密斯提出了"通用空间"的概念来应对建筑的功能变化（图3.1）。他认为建筑设计要尽可能地留出一个无柱空间来满足不同的功能，这样可以避免为每个功能单独配备空间，只需要根据需求做出适当的布局变化即可，一定程度上减少了建筑的设计成本。

同时期路易斯·康的"服务空间"（Servant）与"被服务空间"（Served Space）的二元理论与之异曲同工，但比起密斯对大空间的强调，康更强调的是实现大空间的方法，即通过将机电设备、交通空间与结构形式进行整合，从而实现服务空间的集约性，将更为开敞的被服务空间留给公共空间、实验、办公等功能，通过将不易变化的服务空间与可灵活分割的被服务空间分开，有利于增加建筑的应变能力，提高空间的使用效率，也是从应对空间集约性角度提出的策略之一。

无论是城市还是乡村，文化建筑都是开放性很高的公共建筑，但其中的功能却

（a）德国柏林新国家美术馆

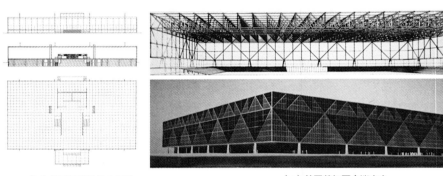

（b）美国伊利诺伊克朗楼　　　　　　（c）美国芝加哥会议中心

图3.1　密斯的"通用空间"对功能复合的强调

并不是每时每刻都能够被利用的。通过模糊空间与功能一对一的关系，有利于将多种功能要素以一定的逻辑进行有机整合，从而形成一个整体性的聚集空间。

3.1.2　以节约为导向——促进可持续

结构是建筑的基础，"集约化"最有效的应用为结构层面做到切实的节省。除材料结构优化以高效利用外，在设计中也很有必要将材料从线形使用模式改为环形使用模式，通过材料的再生更新、循环利用等措施减少资源耗费。

1922年，富勒（R. Buckminster Fuller）提出"少费多用"（More with Less）思想，强调将建筑视为整体，通过理性设计使建造和使用投入最小化，即通过较低投入实现较高舒适度。在此思想基础上，他终其一生，致力于轻质高强结构体系及空间的集约化利用研究。在4D塔的设计中，他首次尝试用张拉结构设计仿生树型

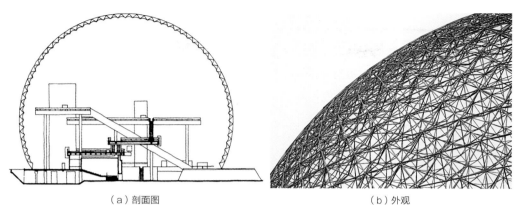

（a）剖面图　　　　　　　　　　　　　　　（b）外观

图3.2　富勒的"网格穹顶"对构件最小化的研究

的整体体系，采用工厂化预制，降低物能投入率，体现"少费多用"的思想。蒙特利尔世博会美国馆设计中采用的"富勒球"是一种最轻质稳固、耗材最少、建造快捷的大跨空间结构（图3.2）。诺曼·福斯特（Norman Foster）受其影响，在建筑思想中强调生态性，致力于通过技术手段提高建筑空间使用效率，从而降低能耗与投入。他也是"少费多用"理念的践行者。

普利茨克建筑奖得主弗雷·奥托（Frei Otto）致力于结构集约化设计，推崇用"最少"理念指导轻型结构和轻型建筑的研究，如索膜结构作为一种轻质、节能、灵活的结构体系，将结构外化为围护，最大限度地发挥膜材料的承载力。这种节约型思维来源于建筑仿生学，其轻型建筑中的结构形式来源于自然界，这并非简单的样式模仿，而是更深层次的组织关系提取。奥托对自然界生物体及生长过程的研究，使得他在结构合理、用料最少的轻型建筑领域取得突破。

除构件最小化、轻质结构外，构件的多功能使用也是节约型设计思维的原则之一。赫兹伯格（Herman Hertzberger）在建筑实践中强调设计应为结构提供更多可能，例如结构内部整合设备、结构底座放大用作家具等。东南大学鲍家声教授也认为家具和建筑构件之间的职能可相互转化，通过赋予其多义性来提升空间利用率。

3.1.3　以集成设计为导向——面向工业化

集约化理论发展至今，不仅聚焦于大型公共建筑，也越来越多地应用于居住空间。随着工业化进程的推进、装配式技术的提升，为了易于把控施工现场、减少浪费、降低成本、减少环境污染，从而获得居住行为的灵活性，装配式集成建筑研究层出不穷，从单一临时性用途的房屋发展到如今应用范围广泛的高度集成型建筑类型，包括集装箱建筑、房车、集成建筑和微住宅等。

这部分理论的研究是通过设计和建造过程的统筹来达到集约化目的。以模块化的方式在工厂预制生产建筑的结构体系、围护体系、设备管线体系和内装体系等，实现高度集成，减少空间浪费，最大化利用率。

柯布西耶于1952年为自己设计建造的小木屋，如今看来是集成建筑的萌芽。通过严格规定和运用模数，柯布在平面上设计了四个风车状布置的矩形，分别置入床、工作台、凳子、储物柜和厕所，整个空间高效紧凑，只有14m²，利用最少的资源和成本实现了舒适的住宅空间（图3.3）。其在节材、构件集成和空间的高效利用上，对小空间的室内集成设计有重要参考意义。

黑川纪章设计的东京中银舱体大厦运用预制化的模块单元组装拼合而成。为使居住单元便于运输、吊装，黑川也对室内家具和必要设备进行整合集成，将墙壁空间利用到极致，在不到9m²的空间内实现高效居住方式（图3.4）。这是工业化室内集成设计的先锋实践。

近年来，建筑师开始关注微型房屋的集约化设计，如伦佐·皮亚诺（Renzo Piano）与维特拉家具公司合作完成的Diogene小屋、理查德·霍顿的微型紧凑住宅（Micro-Compact Homes）、OPEN建筑事务所设计的火星住宅、青山周平设计的盒子之家等。这些实践都在设备、家具的集成设计层面为本研究提供了宝贵参考。

 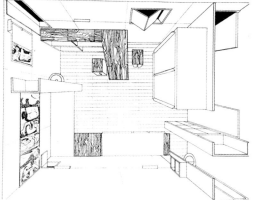

图3.3 柯布西耶海边小木屋的集成设计

图3.4　中银舱体大厦居住单元模块的集成设计

3.2　集约化设计方法

在对功能、空间和整体集约化研究的繁杂理论背景下，诞生了一系列以集约化为指导思想的建筑实践，并可归纳总结出集约化设计的六个主要策略：①土地集约；②功能复合；③空间通用；④结构经济；⑤材料环保；⑥集成设计。这六种设计方法关注建筑空间、功能、结构、室内等方面，共同指导建筑的可持续发展。

3.2.1　土地集约

我国人均土地资源极其有限，在土地利用方式上仍存在一些问题。为了可持续发展，后续开发也应该未雨绸缪地走集约化的道路，充分利用土地资源，通过建筑设计提升土地效率。

就综合性单体建筑的建设而言，首先要注意的是用地总量。"摊大饼"式建筑布局与集约化思想背道而驰，但垂直方向搞高密度开发也不符合村镇肌理和尺度。因此乡镇集约化土地利用较城市而言，并非不顾一切地缩小建筑占地面积，而是在保证舒适度的前提下提升土地使用效率。

在场地选择上，一方面可结合村镇中其他公共建筑、政府办公建筑等开放性空间进行整体布局规划，强化周边联系，从布局上实现紧凑有序，通过对整个区域的带动实现土地的有效利用；另一方面也可以利用村中畸零地块（图3.5）。从过往调研中了解到，农村常存在经久失修的老房子或无人认领的空地。如果能通过综合建

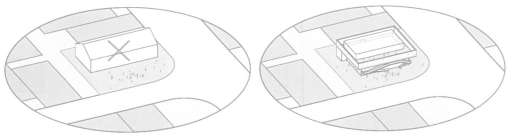

（a）对村镇中老建筑所在畸零地块的有效利用　　（b）开放屋顶缓解建筑对地面空间的占用

图3.5　土地集约利用的方式

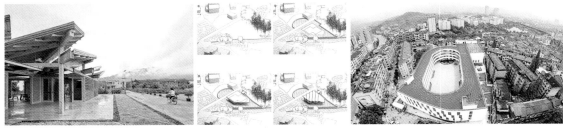

（a）发昌村文化活动中心　　　　　　　　　　　　　　（b）台州市天台小学

图3.6　乡村与城市的建筑对土地畸零地块的利用

筑激活这些地块，就能在一定程度上实现土地资源再利用。悉地国际东西影工作室在广东省河源市发昌村所设计的300m²社区中心就选址于某住房、农田夹杂的三角形地块，设计师合理布置建筑平面，容纳了一个公共卫生间，并且预留一定的室外活动场地，能够适应未来使用需求的不确定性。

建筑师阮昊2014年在浙江省台州市设计天台小学，通过将跑道场地和建筑屋顶叠合，巧妙地解决了场地有限的情况下如何容纳200m操场的问题。通过建筑设计手段缓解建筑实体对原有土地的占据，也是一种土地集约利用方式。

3.2.2　功能复合

集约化设计提倡建筑的整体化原则，包含整体化设计、整体化形态和整体化利用三个方面。农村传统文化建筑较普遍采取单一功能布置方式，如单独设立的书屋、文体活动室和礼堂，不仅空间上不聚集，在位置上也相隔甚远。这种做法忽略同类功能的相互兼容以及不同类功能的相互激发作用，造成空间利用率低下。因此需进行多功能复合设计，发挥连带效应，增强其服务性能和社会性能，比如演出和展览、会议和阅览等功能的复合能实现一定程度的互利共生，提升建筑人气，带动建筑及其周边区域的发展。

　　将功能通过同一体量进行整合，实现同时共用，需对空间做一定的分隔设计，保证各功能共处一室且互不干扰，或选择具有兼容性的功能进行布置。

　　建筑师事务所Dominique Coulon & Associes为法国勃艮第的村庄设计了一座功能高度复合的社区中心，包含一个会议中心、一个老年活动中心、一个游客服务中心和一个托儿所，建筑师通过连续形态将几部分功能整合在一起，形成良好的聚集效应（图3.7）。

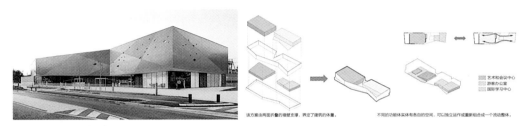

图3.7　社区中心功能整合实例（勃艮第小镇艺术与会议中心）

3.2.3　空间通用

　　除了将功能布置在一个体量内，通过聚集效应增加空间使用效率外，空间的集约性设计更重要的特征是空间的错时利用。

　　密斯在20世纪50年代提出"通用空间"理论，批判功能与空间的一一对应关系，认为设计应模糊空间特质以包容更多功能。这种思想指导形成了多功能厅这种建筑类型，即只需简单调整室内布局，便可在一个空间内实现演出、会议、排练、演讲等相似行为的分时利用（图3.8、图3.9）。通用设计思维强调相同功能的形式通用，对功能的空间需求进行研究，对最特殊的予以满足，简化其形式和尺寸，提高空间的通用程度及使用效率。虽然会造成部分辨识度的缺失，但从空间整体使用来看，其灵活性、高效优势不容忽视。

　　建筑师徐甜甜近来在我国乡村完成一系列建造实践。2017年在浙江松阳王村完成王景纪念馆，通过集约的设计手法令这座400m²的建筑发挥了更多价值，将展览内容压缩至空间中的十七个"角龛"，腾出尽可能多的室内空间，为村中各种公共活动如民俗文化活动、家族聚会等提供场所，是功能复合的典型（图3.10）。徐甜甜认为，乡村公共建筑，从设计初期就要引导且预留"公共性"的多元化，尊重村民一直以来对空间灵活、多功能的利用方式。

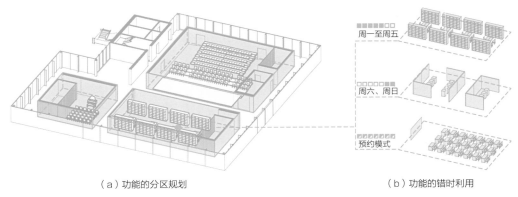

（a）功能的分区规划   （b）功能的错时利用

图3.8　空间的错时利用与分区规划

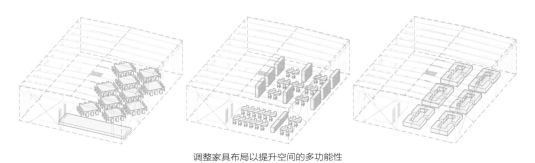

调整家具布局以提升空间的多功能性

图3.9　多功能复合的空间集约利用

图3.10　松阳王村王景纪念馆的分时利用（DnA建筑事务所）

3.2.4　结构经济

　　结构的经济性体现在通过集约的选型，实现空间功能、形式、成本和结构的平衡与统一。许多建筑师、结构工程师致力于该领域的研究。如弗雷·奥托的索膜结构，通过一根柱撑起整个空间，用最少的结构耗材实现最大的空间覆盖，这来源于自然界的形态，也使建筑在造型上别具一格。其在1957年为德国科隆联邦庭院展设计临时入口，包括售票大厅等功能，采用了拱形帐篷的结构形式，只用一根直径为170mm的钢管实现了34m的跨度。整个拱门使用最少的材料，使结构自重最轻，实现了集约空间设计在结构选型方面的突破（图3.11）。

卡拉特拉瓦也非常注重结构的优化设计，常通过计算探寻结构受力的最佳临界点，并在此范围内以最小代价换取最大利益。

除了在结构选型上力求创新，根据实际情况选择适合的结构也是小型文化服务综合建筑集约设计的要点。相比于一般意义上的大跨空间，该建筑类型最大跨度也不过12～18m。在经济有限的情况下，对常规框架梁柱结构体系的巧妙运用便能解决小型"大空间"的需求。该类型空间由于层高较大、跨度要求适中，上方仅需支撑屋顶荷载，将普通梁更换为排架、桁架梁等形式，不仅能满足空间要求，还能做到集约化。一味追求轻型结构反而并不经济（图3.12）。奥托和卡拉特拉瓦在结构经济领域的尝试和努力值得小型文化服务综合建筑借鉴学习。

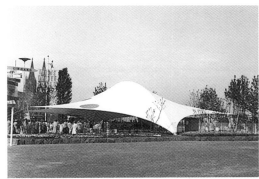

图3.11　弗雷·奥托为科隆联邦庭院展设计的临时入口及安装过程

（a）框架结构　　　　　　（b）排架结构　　　　　　（c）桁架结构

图3.12　适合小型大跨空间的集约化结构选型

3.2.5 材料环保

材料选择影响结构形式以及空间形态效果，事关成本、施工和使用，是决定建筑集约化程度的重要因素，应从建筑全生命周期加以考虑。目前混凝土常被小型综合建筑采用作为结构材料，虽价格低廉，但能源消耗和二氧化碳排放量均比钢结构和木结构高出许多，一旦建成将无法回收利用，从长远来看，并不经济集约。在装配建筑领域，钢、木、竹材及其混合结构均是公共建筑的主要材料选择（图3.13）。

1. 钢材

钢结构的标准化生产是建筑工业化的起源。钢材最早运用到装配式建筑领域始于1851年伦敦世博会由约瑟夫·帕克斯顿（Joseph Paxton）建造的水晶宫（Crystal Palace），其建筑采用钢制构件作为结构，玻璃材料作为围护支撑，在短时间内完成搭建，并于世博会结束后被整体迁至西德拉姆重建。该案例充分体现出钢结构的预制性和构件性，对后来钢结构利用启发重大。钢框架结构较混凝土而言，其构件尺寸较小，可实现更大跨度；部分可回收，经济性更好；可被拆卸重组，非常适用于可变建筑的结构体系。一些室内游泳馆、小型运动场也常采用钢桁架结构营造高敞的空间感。

2. 木材

在我国几千年建筑历史中，木结构是其中最为重要的结构形式，也因其天然可循环利用的环保特性被广泛地运用于建筑领域。尤其是随着胶合技术的发展和完

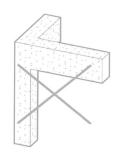 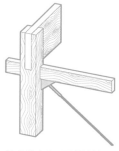 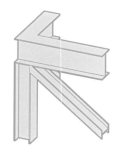

（a）混凝土：湿作业　　　　（b）胶合木：天然材料　　　　（c）钢结构：可回收利用

图3.13　环保材料的选择

善，集成材可取代原木，减少对植被的破坏。胶合木是一种新型木材加工方法，可作为大跨弯曲梁材料，普遍应用于大型公共建筑和体育设施的建设中。因此在大空间建筑中利用木结构将是装配式建筑发展的一个重要方向。

木结构因易于加工、结构形式丰富，许多建筑师在该领域不断创新。日本建筑师隈研吾一直积极探索木结构的更多可能，其在2018年完成日本国际基督教大学体育中心，采用拱形木排架结构以保证体育馆和游泳池的层高与跨度，在入口空间使用单板层积材折板结构，既保证了空间的大跨度又营造了秩序感（图3.14）。通过在一栋建筑中适时地采用不同形式，木结构的潜能和灵活性被充分地彰显。

图3.14　隈研吾日本国际基督教大学体育中心木结构设计

图3.15　泰国Panyaden国际学校竹体育馆

3. 竹材和再生纸

竹作为一种可再生材料，近年来成为建筑师们广泛研究的对象。除竹本身外，还可将竹纤维进行层压形成竹钢材料。和木材一样，这种材料具有应力大、易加工的特点，是未来装配式建筑的新型材料类型。综上，竹结构在营造装配式大空间领域，有多种建筑形式可供选择，非常具有潜力（图3.15）。

2000年汉诺威世博会日本馆是一座运用纸管设计的可持续建筑。其所有原材料均来源于回收利用的再生纸，由日本建筑师与弗雷·奥托合作完成，完美地展现了纸这种可再生材料的结构功效。坂茂也致力于纸管结构体系研究，他设计了一系列以纸管为材料的住宅、展馆、教堂等。2009年深圳·香港城市/建筑双城双年展的主展厅也是采用了利于加工、可回收、低成本的纸管的典型案例（图3.16）。

（a）德国汉诺威世博会日本馆 　　　　　　　　　　　　　（b）2009年双城双年展的主展厅

图3.16　坂茂的纸管建筑实践

3.2.6　集成设计

集成设计体现在设计过程的集成、设计内容的集成以及建造的集成等方面。三个阶段相互配合，从设计到建造实现可控，有利于将所有前期投入最大化利用，对多功能空间而言是重要的策略之一。

设计过程的集成表现在将设计要素综合考虑、整体统筹。建筑层级理论将建筑分为结构、界面、设备、室内分隔和家具层级。如果能在设计之初整合这些层级，便能减少现场作业的浪费和低效。

设计内容的集成与多功能空间的实现息息相关，不同的功能对设备设施和家具等有着不同需求。不加考虑地堆砌将会占据多余空间。设计者应该通过空间手段将设备、家具等与墙壁、结构进行整合，通过共用、收纳等方法压缩多余体积，为主要功能预留出足够大的空间，同时保证需要时的设备配合（图3.17）。

设计过程与内容集成，指向建造环节的集成。除构件标准化、工厂化生产外，还强调装配式施工方式，如集成好的设备模块直接吊装，与主体建筑空间结合，既可保证设备、家具等模块的高水平与精确度，又避免了现场不专业施工导致的一系列问题。

集成设计广泛应用于装配式建筑领域，尤其是灾后建筑与极限住宅。伦佐·皮亚诺2013年与维特拉家具公司合作研发了"Diogene"，其平面尺寸为2.5m×3m，被评价为"最小的住宅，最大的产品"。作为一个自给自足的独立建筑，设备系统与空间完美结合，一端有拉出式的沙发和折叠桌，另一端则整合淋浴、卫生间和厨房，在7.5m²的空间内集成人类生活的全部所需（图3.18）。

在2018年CHINA HOUSE VISION探索家——未来生活大展中，OPEN建筑事务所设计的"火星生活舱"，探索了人类未来的集约居住空间。该建筑由箱体和球体两部分构成。箱体部分将建筑和生活电器整合为一体，将物理空间归至极简，最大化地减轻重量和体积，把家变成了一个高度集成的产品。球体部分通过一个可开启立面向外拓展，实现起居空间的灵活利用（图3.19）。

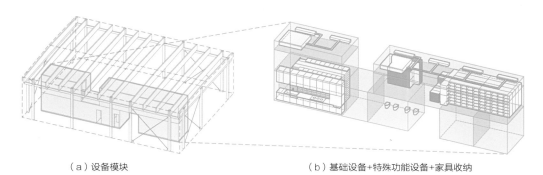

（a）设备模块　　　　　　　　　　　　　（b）基础设备+特殊功能设备+家具收纳

图3.17　设计内容的集成

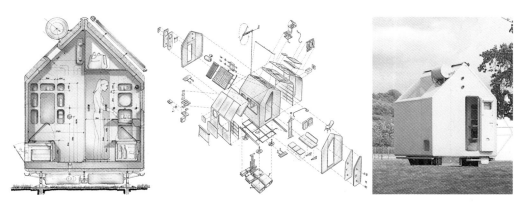

图3.18　伦佐·皮亚诺的Diogene极小住宅集成设计

（a）外部效果　　　　　　　（b）内外关系手绘图　　　　　　　（c）内部效果图

图3.19　"火星生活舱"的集成设计

　　通过研究发源于农业、引申至建筑领域的集约化理论，可看出一般的集约化设计往往着眼于建筑的功能复合、能源节约和集成设计，实现途径分别为提升建筑的聚集效应、促进可持续的循环利用以及增强设计施工的工业化水平，力图通过结构、空间和功能方面的共同统筹实现空间的经济、社会效益最大化。建筑师和学者们致力于从这三个方面提升空间使用效率，提供了许多值得借鉴的策略与方法。本章试图对其进行枚举，并从中提炼出适用于小型文化服务综合建筑的原则。

　　对小型综合建筑而言，土地的节约利用、空间的紧凑设计这两点，紧迫性远低于用地紧张的城市空间。但无论在城市或乡村，功能的多重复合可确保建筑规模的集约和形式的经济，建筑集约设计的前提是明确符合自身的适应选择，即，不过分追求造型和花哨的装饰，在功能、空间和形态上做到高度统一。实际操作层面的方法还包括结构的经济选型、材料的环保利用和设备系统的高度集成，对"服务空间"的集约规划是为"被服务空间"的高效使用打基础。

　　在本章梳理总结的六个方法中，功能复合、空间通用、结构经济和集成设计这四个方面在乡镇小型文化服务综合建筑的设计中具有重要的指导意义。

CHAPTER

4

综合体的通用性：
功能适应空间

4.1 多功能建筑的适应性：通用与可变

"适应性"在生物学领域指生物体针对外界变化产生应对从而调节自身的能力。科技发展使生活水平不断提高，人们不再满足于只能遮风避雨的棚屋，进而产生了对功能多样、空间舒适、性能优化等一系列追求，这无疑给21世纪的建筑行业提出了新的命题，从而将"适应性"的概念引入建筑领域。由于建筑适应性所涉及的层面较为广泛，学界对其概念至今没有统一的定义，建筑师和研究者分别提出了不同解释，其中道格拉斯于2006年出版的《建筑适应性》（*Building Adaption*）一书，首次较为清晰地作出概述，他认为，任何为调整、再利用或提升建筑以使其适合新的环境或需求而做出的干预性工作就是建筑的适应性设计。也就是说，适应性的主体是使用者需求的变化和环境的发展，目的是使得建筑自身的各个要素实现与外部客观条件的协调。

根据现有研究，适应性的定义和分类纷繁多样，学者们也常常将其与"灵活性""可变性""多价性"等专业术语混用或互为替代，但通过对研究建筑适应性类型的文献进行梳理会发现，适应性是一个总体概念，而灵活性、可变性只是其策略的一部分。

根据建筑适应性所应对的不同需求和目的，可将其分为五个类型：①功能适应性；②空间适应性；③性能适应性；④位置适应性；⑤长期再利用。这五个类型分别对应通用性、可变性、响应性、可移动性和弹性五个设计方法，按照适应性的实现周期分别归纳到即时适应性和长期适应性两个大类中，以上所有内容共同归属于一个总的概念，即"建筑适应性"。其包含关系如图4.1所示。

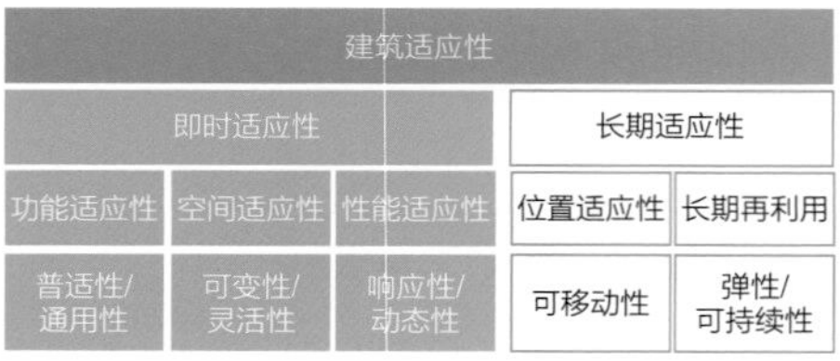

其中通用性设计倾向于在实体空间不发生较大改变的情况下实现多功能的转换；而可变性设计则是通过对实体空间的改变以支持不同用途，主要是

建筑适应性				
即时适应性			长期适应性	
功能适应性	空间适应性	性能适应性	位置适应性	长期再利用
普适性/通用性	可变性/灵活性	响应性/动态性	可移动性	弹性/可持续性

图4.1 建筑适应性类型图示

指界面的变化以及内部空间的分隔与组合；响应性设计是指建筑形态根据环境变化而产生的动态变化，是近年来较为热门的气候适应性议题；可移动性设计起源于建筑电讯派的观点，建筑要通过装配、模块等策略适应不同位置的使用，广泛应用于临时建筑；而弹性设计是在建筑存量发展阶段的一种可持续设计理念，广泛应用于老旧建筑利用、区域再生、工业建筑改造等领域，常根据现有需求将建筑原本的功能完全转变。

本研究基于以上阐述的广义概念，即只要是为了更好地满足使用者的不同需求抑或是应对周围环境发生的变化而做出的设计策略，都可以归纳到建筑的"适应性设计"中。村镇级别的小型文化服务综合建筑，需要应对建设投资、土地、规模的各种限制，在相对小的空间范围内整合不同的功能需求，甚至还要根据实际情况进行即时变化。这不仅对整合自身设计条件提出了要求，也需要回应客观外部条件的变迁，符合适应性设计的目的。

早在古代中国，就已经有通过调整屋内布局实现室内功能转换的做法，如雍和宫就从雍王府先后改为皇帝的行宫和藏传佛教喇嘛寺；日本也采用障子这种灵活分割空间的构件将榻榻米组合的空间划分为不同用途。因此人类对单一空间的多功能需求是一直存在的。

直到大工业时代促发的现代主义运动将功能至上作为设计的黄金法则，其带来的一系列资源浪费、使用不便、布局僵化等问题才引起人们的注意，众多理论家纷纷反思建筑的多功能设计和空间的可变性使用等问题。勒·柯布西耶在1914年提出的"多米诺"体系，用钢筋混凝土框架结构为功能和形式的剥离提供了结构支撑；密斯·凡·德·罗、路易斯·康分别提出了"通用空间""服务空间"理论，强调通过一个大空间实现对多功能的包容；荷兰理论家哈布瑞肯、建筑师赫兹伯格陆续提出了"支撑体住宅"理论和"多价性空间"理论，均从建筑层面探讨了空间功能的适应性（图4.2）。

通过对建筑适应性理论的梳理，可以归纳总结出功能空间适应性理论研究对可持续性、社会参与性和技术可行性的关注，三者共同构成了一个适应性建筑实现的全过程，即应对未来社会发展的可持续需求，促进使用者的自发参与，最后提出支撑变化的技术策略。本书试图基于理论对适应性设计的原则和策略进行提取和概括，以指导小型文化服务综合建筑的功能与空间设计。而通用性和可变性主要讨论功能及空间的变化，是适应性设计的起源，也是本研究的关注重点。

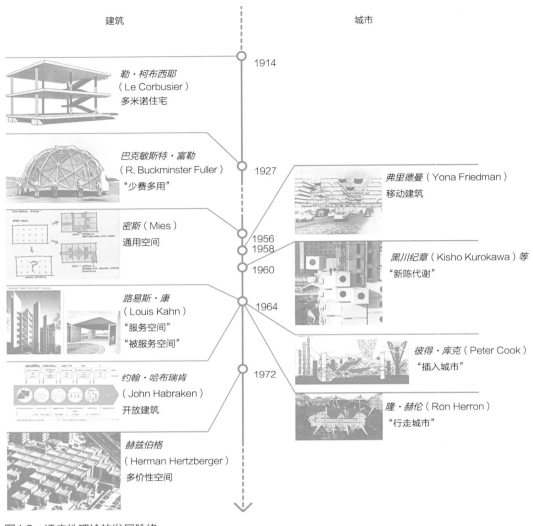

图4.2 适应性理论的发展脉络

4.2 通用性：功能适应空间

基层服务设施建设，包含市民休闲文化中心、社区图书馆、文化馆、小型观演建筑等。本书的研究对象聚焦在包含小型观演建筑的"休闲文化中心"和包含一个多功能室内运动场地的体育设施。将休闲文化中心和体育活动中心的功能合并，称之为"文体中心"的建筑类型也在本书的讨论范围内。一般的休闲文化中心功能除了小型剧院外还包括瑜伽、健身、图文展览、教育培训、体育活动室等。使用的人群为该休闲文化中心附近的居民（表4.1）。市民休闲文化中心内置的小型剧场是结合了专业小剧场和多功能厅优点的新型剧场形式。其特点为：①适当的专业性。该类型的小剧场具备专业的观演设备基础、空间尺度和功能设施，但是摒弃了传统剧场的乐池、桥架、升降台、耳光室等复杂的专业设备，使用上更加灵活，更具备多功能表演的潜质。相应的投资成本及维护成本也相对低廉，相较动则投资上亿的专业剧院，该类型的小剧场是一种适宜技术的观演空间。②演出剧种的多样性。休闲文化中心内置的剧场，一般座位数在350~500座之间，属于小型演出活动场所，其演出形式不局限于一种，可以是音乐会、文艺晚会、话剧、戏曲、脱口秀、舞蹈表演、时装表演、会议等各种功能。

休闲文化中心功能及活动内容　　　　　　表4.1

功能	活动内容	功能房间	功能	活动内容	活动房间
群众活动	业余文艺团队表演、排练、观摩和交流性演出群众集会（举办各种讲座、会议、报告等）影视放映	观演用房（包括观演厅、舞台、化妆室、放映室、储藏间等）	学习辅导	讲课、讨论、会议，科技知识讲座，绘画、书法、雕塑、摄影辅导	大教室、视听教室 通用教室 书法美术教室
	棋类游艺 球类活动 特殊球类 电子游艺 声光游艺 儿童游艺	棋类游艺室 台球室、乒乓球室 保龄球室 电子游艺室 声光游艺室 儿童游艺 储藏间		器乐、声乐、合唱练习，戏曲、舞蹈、健美	综合排练大教室
	舞会 KTV 音乐茶座 曲艺演唱	舞厅 KTV包厢 音乐茶座 曲艺茶座		培训、讲座 裁缝、编织 金属、木工、玻璃、陶艺工艺美术辅导 家电维修学习	教室 实习车间 美术教室 实习室
	绘画、书法展览 雕塑、摄影展览 时事宣传展览 文物展览 其他展览	展厅、展廊 宣传橱窗 文物陈列	专业工作	文艺创作 美术书法 音乐练习、创作 戏剧 摄影 录音室	文艺工作室 美术书法工作室 音乐工作室 戏曲工作室 摄影工作室、暗房 录音工作室
	图书阅览 资料交流保管 儿童阅览	阅览室 储藏间 儿童阅览室	情报关联	情报收集整理 宣传交流 内引外联发展	情报站 发展联络部
辅助	传达收发 休息等候 走道	传达室 休息大厅 走廊楼梯	行政管理	行政管理 经营管理 能源动力 储藏 环境	馆长室、办公室等 经营管理室 锅炉房、配电间 仓库 庭院

根据在农村开展的实地调研以及对现有建成文化礼堂案例的研究，可将基层文化服务功能需求总结为演出功能、会议功能、宴会功能、阅览功能、展览功能及文体功能。另外考虑到部分村镇定期举行集市，如能将其整合进该建筑，也会增加建筑空间活力。因此该建筑需要承载七种主要功能（表4.2）。

小型文化服务综合建筑的功能模式　　　　　表4.2

功能	演出	会议	宴会	阅览	展览	文体	集市
具体表现形式	当地"春晚"	道德宣讲	婚礼	日常阅读	书画展览	体育比赛	赶集会
	演出走亲	政治会议	葬礼	作业辅导	村史展览	体育训练	跳蚤市场
	巡回演出	知识课堂	寿礼	书香活动	民俗展览	日常健身	瓜果自销
	非遗演出	礼仪活动	百家宴	书法下乡	励志展览	舞蹈排练	家电下乡
	特色节日	技术培训	满月酒	报纸阅读	成就展览	广场舞	庙会
	元宵灯会	评选活动	亲子活动	电子阅览	艺术展览	太极拳	—
	电影放映	演讲讲座	—	—	—	—	—

当技术手段和经济成本较为受限时，应在一定程度上放弃操作困难、消耗巨大的空间变化手段，而应研究在空间相对不变的条件下，满足不同文化活动的可能性。通过对于典型文化活动空间的统计比对，建立文化活动空间的适应性模型。本章将对基层文化服务综合体的主要功能模式及其对应的空间需求进行研究，试图梳理出不同功能之间相互切换的可能，为多功能的实现探寻一种更为经济、便捷的方式。

4.2.1　演出空间

小型文化服务综合建筑最重要的模式是演出，主要是指各种类型文艺表演或村民自发组织的晚会等，由表演者和观看者共同完成。该模式类似于小型剧场，由舞台和观众厅两个主要空间构成。我国村镇传统演出活动多种多样，包括但不限于巡游、戏曲、杂耍、舞蹈等，形成线性跟随、放射状聚集、面对面舞台型与散乱互动型的观演关系（图4.3）。为能在小型文化服务综合建筑中实现这几种表演模式的兼容，空间需具有一定的兼容性。

首先，根据不同服务人数选择相应规模。无论哪种表演形式，表演者和观演者众多，需要一个无柱高大空间来保证活动在平面和垂直方向上的展开。根据《剧场

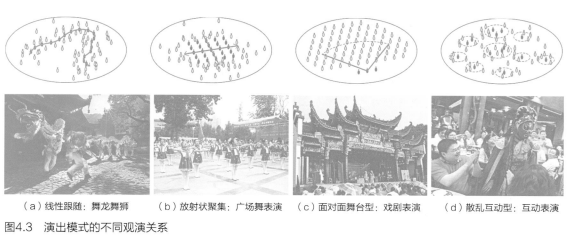

（a）线性跟随：舞龙舞狮　　（b）放射状聚集：广场舞表演　　（c）面对面舞台型：戏剧表演　　（d）散乱互动型：互动表演

图4.3　演出模式的不同观演关系

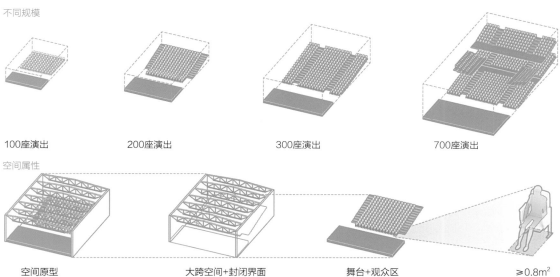

不同规模

100座演出　　　　　　200座演出　　　　　　300座演出　　　　　　700座演出

空间属性

空间原型　　　　　大跨空间+封闭界面　　　　舞台+观众区　　　　　≥0.8m²

图4.4　演出模式的空间属性

建筑设计规范》（JGJ 57—2016），甲等剧场观众厅面积应达到0.8m²/座，即一个100席剧场，其面积至少为80~100m²。

其次，应设置关系可变的观众坐席区和舞台表演区。除传统镜框式舞台外，也可设置深入到观众席中间有利于拉近与观众距离的伸出式舞台，以及尽端式舞台和中心式舞台等。这意味着舞台的高度和形状需具有可变性，观众席的布局能随之改变，可考虑采用模块化升降地板来调节不同区域的高度，或使用非固定家具，简单的人力操作即可迅速调整。

大多数演出需要灯光、音响和视频设备辅助，因此需有一个可封闭空间以避免自然光和噪声影响。如果这些设备能和结构进行整合，整体模块化预制、采购将会提升演艺空间整体效果。

演出模式对空间要求较高，表现在结构、界面、设备、室内分隔构件和家具等几个方面，可以根据建筑规模和专业度的要求选择不同的技术方式进行设计，比如界面封闭的要求，从最简陋的遮光帘到电动隔声板都能够满足。小型文化服务综合建筑的规格不必达到专业剧场的程度，基于其空间属性加以考虑即可。

4.2.2 会议空间

村镇会议模式根据参与人数可分为大、中小型会议。大型指听众数量众多的演讲类，比如政策宣讲、文化讲座、知识技能培训及各类评选表彰大会等，其模式为少数人在主席台发言，其他人在观众席聆听；中小型指围绕会议桌的讨论类会议，如村民小组议事或党组织会议等（图4.5）。现阶段我国村镇人口文化水平较低，知识普及成为主要任务，所以大型会议占据更大比例，服务人数也更多。

会议适应性较高，可在任何场所召开。如果将开会行为纳入小型文化服务综合建筑中，需提供一定的空间品质。据前文总结，参与人数、会议内容、组织方式等影响

（a）党组织会议

（b）村代会

（c）表彰大会

（d）知识技能讲座

图4.5 村镇会议的类型

不同规模

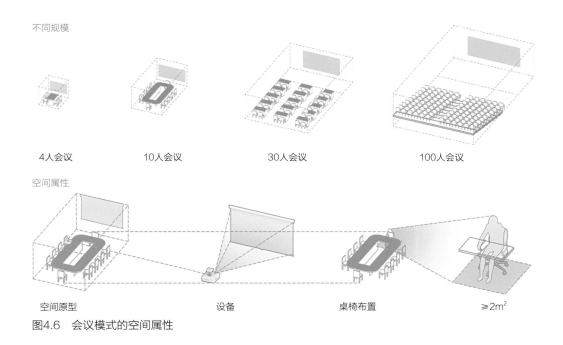

4人会议　　　　　10人会议　　　　　30人会议　　　　　100人会议

空间属性

空间原型　　　　　　　设备　　　　　桌椅布置　　　　　≥2m²

图4.6　会议模式的空间属性

会议空间规模。根据《建筑设计资料集》以及会议室空间设计相关规范，可总结其规模要求：扣除掉第一排座位到显示设备的距离，应该按照2m²/人来进行空间布置。同时顶棚应当高于3m，保证多人聚集不压抑、摄影机和音响的正常工作距离。基层村镇会议的组织形式多样，因此建筑应提供不同规模的会议空间，其中大型会议空间和演出模式在规模、布局、界面等方面的要求相似，二者在空间上可以进行共用。

除规模要求外，会议模式在其他方面的规定较为宽松。人数众多的会议、类似演出的空间，不该有柱子阻挡视线；设备方面可配备电子显示屏或投影装置；家具布置也较为灵活，各空间可根据舒适度要求自行选择；最后在空间界面处理上，如摄影或音效品质要求较高，可采用封闭界面，如要求较低，也可采用通透立面。

4.2.3　宴会空间

宴会模式特指村落内普遍存在的一些制度化自组织形式，包括婚礼、葬礼、寿礼等聚集活动，本研究中将其统称为红白喜事。红白喜事是村民之间社会关联和人际交往的途径，它起到增近情感交流、补充公共空间的作用。[1]过去常在室外举办，

1　田维扬. 村落公共空间中的交往准则——基于昆明滇池西南岸中谊村红白喜事的探讨［J］. 原生态民族文化学刊，2013，5（01）

这些场所共同组成乡村公共空间。通过大办宴席，宾客往来，村民得以和他人联络情感，因此红白喜事在增加村民认同感、归属感方面有很强的凝聚作用（图4.7）。

农村红白喜事一般都很讲究规模，除亲戚朋友，有时还会邀请全村人，规模从5桌到30桌不等，甚至能达到50桌。仪式常常从早到晚，敲锣打鼓，热闹非凡。因为参与人数众多，活动流程繁复，过去往往在办事人家中院子、村中传统集会空间如祠堂、广场等室外场地举办，有时也会延伸到街道空间。

红白喜事流程涉及的空间包括相关仪式如婚礼中的拜堂场地、乐队或其他表演团队演出空间、备餐的临时厨房以及流水席的容纳空间。所有行为没有明确的室内外要求，如天气允许，大部分会选择布置在室外，一方面场地宽裕，另一方面敲锣打鼓的噪声、做饭的油烟不至于影响室内空间环境。

该功能对空间要求较低，只要有宽敞空地就可举办，对结构、界面以及设备都没有过多规定。如果小型文化服务综合建筑作为一个村中集会空间要承接婚丧嫁娶活动，首先需要一个室内大空间，包含举办仪式的舞台，要足够承载数十张餐桌铺展开以及其中的流线组织。由于宴请人数波动较大，该空间规模应可调整，如通过界面可

（a）仪式　　　　　　　　　　　（b）表演

（c）酒席　　　　　　　　　　　（d）备餐

图4.7　红白喜事的活动类型

布置形式

方桌　　　　　　　　　　　圆桌　　　　　　　　　　　长桌

空间属性

空间原型　　　　　　厨房备餐　　　　可开放界面　　　　桌椅布置

图4.8　宴会模式的空间属性

开启设计将活动扩展到室外，或在场地上预留室外临时棚屋搭建的可能（图4.8）。

　　需注意的是宴会所需家具，传统宴会采用可折叠或桌面可分离的圆桌，配以塑料方凳或折叠椅。因为宴会并非日常活动，往往需临时布置，活动结束后再快速撤离。那么小型文化服务综合建筑中的宴会家具也面临同样要求，便于收纳、快速布置，应当与阅览模式的书桌椅具有通用性。

　　宴会模式最特殊处，是对厨房的需求。传统红白喜事备餐环境往往露天，临时搭建土灶，厨师们自带餐厨具和材料现场筹备。建筑中应该配备一定规模的厨房空间备用，考虑到该功能并不常用，不宜设置过大造成浪费。可将厨房预制在模块中，放置在建筑立面，需要时向外打开，利用室外空间进行拓展，提升空间利用率的同时也减少油烟对空间的污染。

4.2.4　阅览空间

　　在新时代农村精神文明建设工作的开展中，许多地区都建设农民自己管理的、能供农民使用的书报刊和音像电子产品阅读视听条件的公益性文化设施，称为"农家书屋"，但一些地区在实施过程中仅将设施的有无作为标准，将村委会等办公楼中的一个房间"挂牌"为农家书屋，空间使用品质难以保障（图4.9）。其实阅览行

（a）光线较暗   （b）眩光

（c）缺少阅读区   （d）空间局促

图4.9　农村阅览空间现存问题

为从平面布局到家具选型，从自然采光到人工照明都有一定要求，条件允许下，阅览空间应该尽可能地遵守这些规定。

　　小型文化服务综合建筑中的阅览空间，规模不及专业图书馆，在功能上应该包含提供日常借阅的阅览区、学生放学后的自习区、老人常用报刊阅览区和电子阅览区，每种空间的规模、布局等要求可以参考《建筑设计资料集》（第三版）第4分册中图书馆设计部分。

　　首先考虑规模要求。在一般阅览室中，如采用单座阅览桌，则面积指标要达到 $2.5 \sim 3.5 m^2/$ 人，如采用4 ~ 6人双面阅览桌，该指标将降至 $1.8 \sim 2.5 m^2/$ 人，各地可根据服务人数和使用比例合理选择相应的桌椅数量（图4.10）。

　　不同阅览需求对布局要求也不相同：日常阅览可采用双面大桌配合开架书架布局；自习学生最好单人单桌，避免互相打扰；报刊阅读应有专门报刊架；电子阅览配有相应机房。这些功能在小型文化服务综合建筑中根据需求合理布置即可。

　　应充分利用自然光营造图书馆室内环境的良好采光照明。为保证充足的天然光线，建筑应该有一定比例的开窗面积；为避免眩光，窗上应安装遮光和调光设施。

不同规模

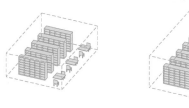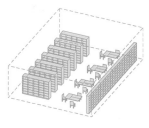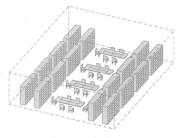

5~10人阅览　　　　　　　10~20人阅览　　　　　　　20~50人阅览

图4.10　阅览模式的空间属性

如果阅览模式和演出、会议空间共用，最好能调节层高，因为过高空间不适合阅读。如不能调节层高，人工照明高度也应能作出一定配合，比如可升降或为书桌椅配备阅读灯。

4.2.5　展览空间

小型文化服务综合建筑中的展览空间，并不如城市博物馆展览空间般专业，主要用于科普教育、民俗文化展示的宣传类展览，以及如非遗、书画展览等具有地域性文化内容的展览，前者可结合建筑立面或者走廊空间进行永久布置，而后者可以对位为博物馆临时展厅。临展内容需经常更换，因此常设计为独立大空间，可根据展览性质和模式灵活布置展架和展台，并配备相应的收纳空间（图4.11）。

展览模式对空间规模和形式的要求较宽泛，常规的方形、长方形和圆形空间，或非常规的异形空间皆可用于布展，还会带来特别的空间体验。

在大空间内布展的方式很多，可采用活动展板配合建筑墙体作串联式布局，也可将展板和展台围合出展览单元，还可将整个空间用于大型展品布置（图4.12）。为保证灵活布置展板，根据不同经济水平，可选择人工插接的活动展板或与吊顶滑轨结合的滑动展板，或选择可平移的吊装展板，通过机械化方式降至地面标高等。无论哪一种方法，都需要充分考虑展架、展台的收纳。博物馆对于照明、温湿度都有很高的要求，但在小型文化服务综合建筑中则可以不必考虑太多，保证一定的自然光、适量的通风即可。

（a）活动展架 　　　　　　　　　　　（b）活动展台

（c）利用墙体 　　　　　　　　　　　（d）立面兼用

图4.11　基层展览内容及形式

布置形式

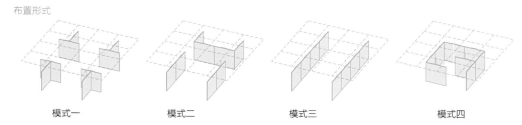

模式一　　　　　　模式二　　　　　　模式三　　　　　　模式四

图4.12　展览模式的空间属性

4.2.6　文体空间

　　村镇体育运动形式丰富，包括但不限于球类运动、拔河、健身器材、跑步、太极拳、广场舞等，大致可分为日常健身和体育赛事两种类型，后者除运动员外还有一定数量的观众（图4.13）。以上运动形式目前都在室外开展，冬季天气较冷时，室外运动场地和健身器材常处于搁置状态。因此小型文化服务综合建筑作为一个村中公共建筑，应当承载部分体育活动，解决极端气候条件下村民运动问题。

（a）球类运动　　　　　　　　　　　（b）健身器材

（c）广场舞　　　　　　　　　　　　（d）瑜伽

图4.13　村镇丰富的文体活动形式

尺度要求

（a）乒乓球　　　　　（b）羽毛球　　　　　（c）篮球　　　　　　（d）网球

不同类型

室内：球类　　　　室内：健身/瑜伽　　　　室内：太极/广场舞　　　　室内：器材

图4.14　文体模式的空间属性

室内运动如篮球、排球、羽毛球、乒乓球等对空间的平面尺寸和高度都有一定要求（图4.14）：场地内无柱、场地之间应保持一定距离、球类不能触碰屋顶、周围应该留有一定的缓冲空间用作交通和观众席、不能紧挨墙体布置等。对建筑界面、设施等无特殊要求，如果和演出模式在同一空间内互相转换，灯具等设施可适当共用，升降地板的强度需适当提升。

4.2.7 集市空间

在乡村调研时发现，很多村子都有定期赶集的习俗，一星期一次或逢九举办。每当此时，村民们就把自家种的瓜果蔬菜拿出来卖，外来商贩也会带来衣服、食品、日常用品等进行售卖，乡村集市是村民日常生活必不可少的活动。但大多数村镇都没有相应的场所，或在村中小市场，或摆在大街上或土地上，整体状态较为无序混乱，卫生条件和管理方式也大有问题。如果能将集市模式加入小型文化服务综合建筑中，不仅可作为一个服务于村子的日常性市场，也可成为一个辐射面更广的节庆性场所。

将集市纳入室内空间的建筑实践有很多，荷兰建筑事务所MVRDV在鹿特丹设计的拱形大市场就是一个典型的用菜市场带活空间的案例，不仅令当地居民使用方便，还成功地吸引了众多外地游客的到来。国内近年来对菜市场进行改革也催生了一些优秀的建筑实践，如小写建筑事务所在湖北省竹溪县龙坝镇设计建造的生鲜剧场，独创性地使用"灯塔"原型强化售卖单元；建筑师罗宇杰设计的濮阳市胜利市场也使用同样操作手法，通过对场所秩序的营造激活当地集市活动（图4.15）。

小型文化服务综合建筑的设计如果能合理整合集市的空间单元，如售卖台等家具，每月固定时间举办集市，将能够带动村民对该建筑的使用，一定程度上增加空间人气，为空间带来新的活力。

（a）鹿特丹拱形市场（MVRDV）　　（b）竹溪县龙坝镇生鲜剧场（小写建筑事务所）　　（c）濮阳市胜利市场（罗宇杰工作室）

图4.15　国内外室内集市实践

4.3　功能空间的相互关系

4.3.1　功能的相容性、兼容性与相斥性

前文对小型文化服务综合建筑中的七种功能进行了探讨，参考《建筑设计资料集》及相关规范，可发现七种功能对空间都有一定要求。彭一刚先生将这种要求定义为"空间的规定

性"，并将单一空间中的规定性总结为对空间的量、形和质三个方面的规定。本研究试图总结七种功能对其所属空间的规定性差异，对应到具体空间设计层级要求，即每种模式在场地、结构、界面、设施、布局和家具方面的设计要求，总结见表4.3。

小型文化服务综合建筑功能空间的属性对比　　　　　表4.3

	空间的规定性			空间设计层级					
	量	形	质	场地	结构	界面	设施	布局	家具
演出	大	矩形	无自然光/吸声	—	无柱大跨	封闭	舞台设备	舞台	活动座椅
会议	大/小	矩形	无自然光	—	无柱	封闭	视频设备	主席台	活动座椅
宴会	大	—	开敞空间	可扩	无柱大跨	通透	表演设备	主席台/厨房	餐饮桌椅
阅览	小	—	自然光/静	—	—	通透	电子阅览	书架划分	阅览桌椅
展览	大/小	—	高测光	—	—	—	—	活动墙板	展架/展台
体育	大/小	矩形	自然通风	内外	无柱大跨	—	运动设施	—	—
集市	大	—	卫生/通风	内外	—	—	—	流线组织	售卖台

由表可知，这七种功能间存在着三种不同关系：相容性、兼容性和相斥性（图4.16）。理清功能之间的关系，有利于合理安排小型文化服务综合建筑中的空间布局，最大限度地保证每种功能的空间品质。

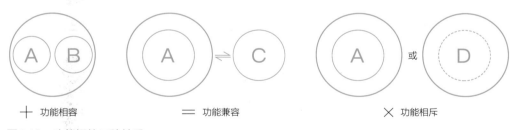

图4.16　功能间的三种关系

1. 功能的相容性

功能相容是说具有相似或相同特征属性的不同功能空间，布置时可考虑区位邻近关系。[1]举例来说，阅览功能与会议功能虽略有不同，但都属于喜静的文化功能，因此二者在职能上具有相容性。再如宴会和阅览，前者对空间要求较低，但是给空间物理及声环境带来不利影响，而后者对空间环境具有较高要求，两者在空间属性上有不同要求，因此不宜布置在一起。功能的相容性为适应性建筑的发展奠定了基础。

1　韩冬青. 论建筑功能的动态特征［J］. 建筑学报，1996（4）：34-37.

从这个角度来看，阅览、展览、会议三者具有很强的相容性，且对空间规模的要求都不高，可以考虑并列布置。

2. 功能的兼容性

功能兼容是指不同功能在某种情况下可放置于同一空间而不会相互影响，是对形式与功能间一一对应关系的反抗。[1]密斯的"通用空间"和赫兹伯格的"多价性空间"都是建筑空间兼容性理论。在空间设计时通过对相似功能特点进行研究，基于此作空间的适应性设计，可对同一空间进行分时利用。从上表中可知，演出、大型会议、宴会三种功能具有非常高的相似性：规模上，它们都需要一个无柱大跨空间；空间构成上，皆为舞台空间加观众厅空间；性能上，都需一定的人工照明和隔声处理。即使宴会模式需配备厨房，但并不影响这三种功能在空间属性上的相似性。同时，对于一个小型文化服务综合建筑而言，这三种功能空间占比较大，包容的活动却并不日常，因此完全可设置在同一空间中。根据使用需求进行转换时，只需配合界面形态，调整家具布局即可。

3. 功能的相斥性

如果完全不追求空间品质，任何功能都可以在一个通用空间中布置。但如需稍稍在意使用者的感受和舒适度，那么即使建筑规模很小，有些功能也不能同时存在或相互替代。如果两种功能对空间要求差异较大或截然相反，表现在动静、有无气味等方面，如阅览和演出、宴会，最好不要同时布置。宴会会产生较大气味，不宜和其他功能并置，强行兼容会给建设增加很大成本。

综合以上对三种功能间关系的阐释，可将七种功能间的关系总结如图4.17所示：演出、会议功能在规模、形态、布局上的要求相似，可在不同时段共用一个空间，甚至不需要调整家具布局。宴会功能与其规模类似，可共用空间，但要进行隔声、除味处理，不宜与其他功能并置。阅览功能要求较高，可和同样属性的会议、展览功能并置，共同划分一个较大空间。体育功能和集市功能都占据较大空间，产生噪声，但对大空间并无其他特殊要求，可相互替换，但很难和阅览等喜静功能共存。这些关系可以在方案设计时指导空间布局和有效的转换策略。

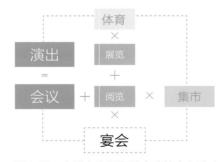

图4.17　小型文化服务综合建筑中七种功能间的关系

1　韩冬青. 论建筑功能的动态特征［J］. 建筑学报，1996（4）：34-37.

4.3.2 功能空间的规模和使用频次

了解功能空间的相互关系，有利于我们在S、M、L三种不同规模建筑的设计中合理放置功能。但其中到底放置什么功能、几种功能，并不仅由这一因素决定，建筑规模也具有指导意义。举例来说，相容关系的两个功能可能会因建筑总面积不够而无法实现并置。为使设计更加合理，需针对建筑服务人数，对每种功能空间的规模作出合理推算，再与建筑面积进行对比，决定功能安排。参考我国现行建筑设计规范、《建筑设计资料集》丛书，结合我国村镇实际情况，笔者对村、乡、镇级建筑各功能的规模和使用频次作如下总结（表4.4）。

小型综合文化服务建筑功能空间的规模与使用频次　　　　　表4.4

功能空间	设计指标	规模			使用频次
		村级S型	乡级M型	镇级L型	
演出空间	观众厅面积应达到0.8m²/座	100~300座	300~500座	500~800座	低（节庆）
		80~240m²	240~400m²	400~640m²	
会议空间	会议室面积应达到2m²/座	不定			高
宴会空间	酒店宴会厅标准为16m²/每10人桌（含舞台、交通），本设计降低为10m²/桌	20桌	35桌	60桌	低
		200m²	350m²	600m²	
阅览空间	服务千人面积指标10m²/千人	≤5000人	5000~20000人	≥20000人	高（每日）
		≤50m²	50~200m²	≥200m²	
展览空间	—	不定			高
体育空间	根据运动场尺寸和数量定	大/不定			日常/比赛
集市空间		大/不定			低（每月固定）

根据上表可看出，演出和宴会功能空间就小型文化服务综合建筑的整体面积占比较大，需单独布置。阅览空间的面积占比较小，可以结合其他功能布置。展览功能和会议功能的弹性最大，根据不同参与人数可选择多种规模，可结合其他功能灵活布置。体育空间的规模取决于所布置的运动场地尺寸，一般来讲为大空间，宜单独布置。集市空间没有具体的设计规范参考，菜市场设计标准或调研中所见集市规模都较大，并无参考意义。

4.4　空间需求

在前文对小型文化服务综合建筑的功能及其空间规定性研究的基础上，可以将该类型建筑的空间构成分为通用集会空间、多功能活动空间、设备附属空间和公共空间。这四种空间相互组合，与剧场建筑的构成几乎一致。近年来学界对剧场建筑的研究非常深入，多功能小型剧场也是该领域发展方向之一，建筑师们进行了一系列建筑实践。在参考以上丰富资料的基础上，本书将小型文化服务综合建筑与剧场建筑空间进行对比研究，有利于提升对该建筑类型空间属性的认识（图4.18）。

其中通用集会空间原型抽取于观众厅，承载综合建筑的主要活动，观演、大型会议、典礼仪式等活动的人群聚集模式与观看戏剧、音乐会的聚集模式较为类似，都需要一个无柱大跨空间。

而多功能活动空间主要应对阅览、展览、小型会议等文化功能，这部分功能在空间形式上的适应力较高，且空间尺度较小，对应剧场建筑中的多功能厅。

（a）剧场空间组成　　　（b）基层文化服务综合体空间组成

图4.18　剧场与小型文化服务综合建筑的空间构成对比

设备附属空间是指卫生间、门房、厨房（红白喜事模式配备）及设备设施等小型房间，是建筑功能所需的设备运行以及空间舒适度的保证。

公共空间是指走廊、楼梯、大厅等区域，这部分应完全对外开放，村民的乘凉、聊天等活动均可承载。

作为一种类型建筑，对空间原型的探讨是对空间进行集约化与适应性设计的基础。通过对剧场、阅览建筑、会展空间的大量研究，借用剧场原型对这四种空间类型进行分析和研究，可以组成既集约又具有调整能力的小型文化服务综合建筑。

4.4.1　通用的大跨空间

剧场建筑种类繁多，根据不同表演内容和形式，可分为歌舞剧场、音乐厅、演艺中心、话剧场等不同类型，规模也从容纳300人到容纳2000人不等，但无论哪一种类型、何种规模的剧场，其空间布局都是围绕核心大跨无柱空间展开的，在功能组成上对应为观演空间。

观演空间是剧院建筑的主体，是观众的主要活动场所，在建筑平面中的占比可达到二分之一甚至更高。为了观看演出时视线不受阻，整个厅堂要求采用大跨结构，不能有柱子。城市剧场往往对混响时间、舞台照明等有较高要求，因此观演空间常封闭且独立，位于建筑中心，被前厅空间和附属服务空间所包围，界面不通透，采用人工照明，靠前后入口进行人流疏散和交通组织。无论是单层还是多层观众厅，其空间组织特征大都相似，其位置影响其他空间的布置。

小型文化服务综合建筑中的集会空间，和剧场建筑中的观演空间有类似之处，二者都是大型无柱空间，需采用大跨结构形式，但其规模要小得多，对音效、照明的要求也较低。由于空间集约化的需求，基层文化服务设施不同于城市剧场只承载演出，它不仅要承载各种集会活动，还要通过空间分隔和组合用作展览、阅览或者体育活动场所，因此其对空间界面、布局的要求也不同。

作为一个多功能的通用空间，其界面为适应不同活动需要，不可完全封闭，应采用可调节立面，提供全遮光、半遮光、开敞等几种模式以供选择。在专业观演空间布局中，舞台和观众厅分别设计，舞台配备一定规模的后台空间及服务演出的照明声控等设备间等。但是在小型文化服务综合建筑中，对空间整合的要求极高，后台空间、舞台和观众厅可以归纳到一个空间中进行考虑，适当地缩小后台面积或和交通空间实现共用。综上，规模的限制给大跨空间提出整合其他功能的适应性要求。

4.4.2 集成的设备空间

在专业剧场中，服务于演出的小空间类型很多，从音响和照明设备控制的电气用房，到演员更衣化妆的后台，以及舞台机械设备、收纳道具的库房、各种排练室等候室，还有财务管理办公室等空间，其排布和设置对剧场运作至关重要。此外，还有服务于前厅观众的卫生间、衣帽间、贵宾休息室、纪念品商店等功能，这部分一般在建筑入口处连续布置。由此可见，剧场运转需要许多服务配备，它们大多以单侧走廊连接的小房间存在，从特殊的员工入口到达，流线较为复杂，总面积常大于观演空间面积。

对集约性小型文化服务综合建筑来说，设备和服务设施的专业度较低，数量较少。即便如此，集成设计还是首要原则。对于演出所需的照明、音响专业设备，或者是提供房间温湿度的中央空调等技术设备，如果不进行收纳和集成，会产生空间浪费、造成利用率低下，应尽可能与结构进行整合设计。而卫生间、售票处、门房、储藏室、更衣室等服务型空间可以进行模块化设计，通过工业化手段进行装配式预制，提高设施与建筑的集成度。因此，无论是设备还是服务空间，虽然与剧场相似，但对集成度的要求却远不相同。需将集约化设计的原则与适应性的设计策略相结合，让其在必要时发挥最大作用，不需要时占据最小空间。

4.4.3　小型活动空间

小型文化服务综合建筑的功能要求中除演出等大型活动外，阅览、展览、小型课堂等也是村民日常生活中所需功能。阅览、展览对空间的要求和演出全然不同，比如阅览需要自然光、合适的书桌椅，而展览需要展墙和展架作为展品的载体，并且阅览和展览都是相对安静的活动，但演出和文艺活动却十分嘈杂，从根本上来说，这是互相排斥的功能。在城市里一些大型剧场会在前厅区域设置独立多功能厅用于小型讲座，设置咖啡厅或书吧为等候时的读书、观展行为提供场所。

小型文化服务综合建筑也可采用这种处理方式，设置单独房间安排喜静的活动。但乡镇的阅览、展览行为并非常态，参与人数也有限，因此大跨空间通用性的作用就得以体现，没有典型活动举办的大多数时间里，该空间可通过变动，调整布局和界面，使其适合日常读书学习。也就是说，小型文化服务综合建筑中的活动空间，可以单独布置，也可以和大跨空间共用，大空间有可能将小空间包含其中，二者可以根据需要随时转换，其规模和形状也并非固定。这种基于适应性的设计方法满足功能需求的同时，还增加了空间使用的灵活性。

4.4.4　开放的公共交通空间

前文提到小型文化服务综合建筑作为村镇的社区中心，具有激活乡村活力的作用，因此开放性是该建筑集约化和可适性设计之外的另一要点。作为城市中的大型公共建筑，剧场往往具有内、外两部分开放空间，外部空间常表现为广场，内部空间为前厅，是功能流线的起始，连接服务设施和观演空间，是入场前的等候区域，除布置售票、排队、衣帽间等功能外，也会设置休息区、咖啡厅、纪念品售卖等功能。这部分空间与城市紧密联系，往往采用通透的界面设计，与城市形成互动，有的甚至采用底层架空的处理方式；建筑前厅空间面向城市开放，与广场连接，聚集人气，为城市带来活力。

面向农村的文化服务综合设施规模不及剧场，服务人数有限，但公共空间仍必不可少。与剧场不同的是，该类型建筑的公共空间面积不宜过大，一般表现为内部与外部的交通空间与服务空间结合布置。使用上可作为建筑功能的拓展，比如为红白喜事服务的厨房，使用频次极低，平时可以作为封闭式橱柜收纳起来，面向走廊开门，需要时打开借用走廊实现拓展，最大限度地发掘交通空间的多重利用价值。

大多数时候，公共空间应该面向村民开放，村民可以在此处乘凉、聊天、进行休闲娱乐活动，不必非要进入主空间。形式上可以采用我国传统建筑中的"廊"，一方面组织交通流线，一方面拓展功能，还可与建筑立面结合形成双层表皮，对室内环境进行调节，同时，"廊"空间的开放不影响核心空间使用。这是空间适应性的策略之一。

4.4.5　小型文化服务综合建筑的空间布局

根据对剧场建筑的案例研究，将典型剧院建筑空间组织关系概括为水平布局式和垂直布局式。前者在土地条件宽裕的情况下，将建筑功能摊开布置，占地面积大，功能流线长，布局模式较为传统，往往占据城市完整地块，形成地标式建筑。后者在城市集约发展的背景下，用地条件受限，建筑师们则将几种功能围绕观演空间垂直布置。OMA设计的威利剧院就是垂直布局的典型案例。

虽然农村土地资源宽松，小型文化服务综合建筑一味地追求面积并不符合集约设计要求，其空间布局不宜采用传统水平式。城市剧院由于专业性要求，附属空间往往需向上、向下都增加一层甚至两层，结果高度较高。乡村建筑考虑到风貌协调，其层高需进行控制，也无法像城市一样采取垂直式布局。该建筑采用通用空间进行多功能复合，同时对设备进行可变集成，一定程度上缩减空间整体规模，使得建筑在水平和垂直布局上都较为集约，可看作是一个集合水平和垂直布局优势的综合版布局。

4.5　空间的通用性设计策略

4.5.1　结构标准化

有关适应性建筑中结构的研究，有移动城市概念中可整体迁移的房子，以及新

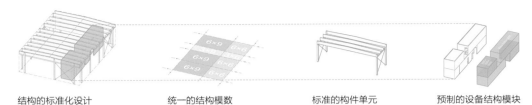

结构的标准化设计　　　　　统一的结构模数　　　　　标准的构件单元　　　　预制的设备结构模块

图4.19　结构的标准化设计内容

陈代谢思想中通过插接和拆卸实现生长的结构模块。整体移动和长期生长的结构因过于耗费成本，不在本书关于单一空间对功能适应性的讨论范围内。但结构作为建筑成立的条件，其模数化设计、材料的使用、类型的选择以及用途的发掘都对建筑适应性至关重要（图4.19）。

1. 模数化的结构设计

设置统一的建筑结构模数，对于实现一定规模的工业化生产具有重要意义。模数作为媒介协调不同建筑部品，使其能够相互替换，甚至实现通用。为此我国制定的《建筑模数协调标准》（GB/T 50002—2013）规定M作为基本模数符号，1M=100mm，建筑物中的结构、构件以及各部品的尺寸均应是M的整数倍。[1]

我国传统建筑长期采用木构架结构体系，模数制的思想表现在其平面开间、进深、构件规格、材料的选取和加工等各个方面[2]。比如平面以"间"为模数形成柱网，进而构成不同规模的建筑单体。在《营造法式》中，用材分制规定所有构件的平、立、剖尺寸。正是因为模数的存在，建筑设计、施工、材料部品、设备设施、家具摆件等各部分才得以整合。结构作为整合前提，如随意乱定尺寸，后续的其他内容将难以协调，建筑构件也无法实现标准化，为可变性设计和使用带来阻碍。

在建筑设计中，模数化网格是模数运用的直观表现，结构轴线应遵循网格关系，构件如柱、梁的尺寸也应尽可能为模数的整数倍，其他构件的标准化设计和工业化生产将以此为基础（图4.20）。由于结构在小型综合建筑的使用中几乎不可变，因此其模数化设计对建筑的可变性有着根本性影响。

2. 易于装配的大空间结构选型

木结构和钢结构都具有多种可用于装配式生产的结构类型。小型文化服务综合

1　郭美村. 从模件到模块化［D］. 苏州：苏州大学，2015.
2　林松. 建筑模数研究［D］. 哈尔滨：哈尔滨工业大学，2009.

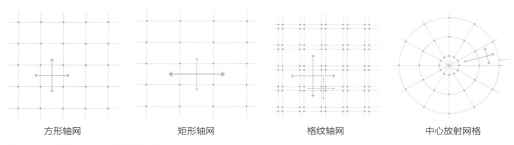

方形轴网　　　　矩形轴网　　　　格纹轴网　　　　中心放射网格

图4.20　结构柱网中的模数思想

建筑的空间特点，对结构有通用式、成本低、施工难度低、大空间效果好的基本要求。通过对比总结，框架结构因其体系开放、施工方式标准，较为适合小型文化服务综合建筑的适应性要求。集会空间的跨度在12～18m的范围，无需采用复杂的大跨结构，通过单跨的木、钢框架体系就能很好地实现空间效果。现场的基础准备配合预制的柱、梁，由当地工人进行施工就可以在短时间内完成建造。框架结构中梁的选择较为灵活，从胶合板叠梁到钢梁到空腹桁架梁，各有优点，适用于不同的空间需求。

空腹梁可较好地整合设备管线，后者无需在结构上打孔或占据层高，比较适用于小型文化服务综合建筑这种多功能空间。其需要整合的设备较一般空间而言更加复杂和多样，适当地选择三角形和四边形桁架可更好地将演艺所需的灯轨、音效等舞台设备整合在一起，增加空间的集成度（图4.21）。

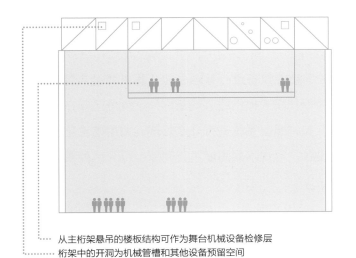

⋯⋯ 从主桁架悬吊的楼板结构可作为舞台机械设备检修层
⋯⋯ 桁架中的开洞为机械管槽和其他设备预留空间

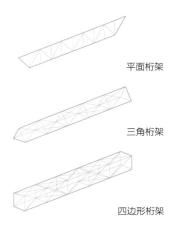

平面桁架
三角桁架
四边形桁架

三种常见的桁架梁类型

图4.21　桁架梁的选择与多功能利用

4.5.2 设备模块化

设备设施是保证建筑功能顺利运行的基础，包含水、电、暖等维持建筑性能的设备及其管道，以及卫生间、储藏间等服务空间。这些空间遍布建筑各处，如果不加以整合，将会造成空间浪费，也给施工和管理带来难度。

小型多功能建筑要在短时间内实现功能模式的转换，其包含的设备设施在数量和类型上也更多，主要分为：①基础设备；②服务功能的设备机械；③支撑空间切换的技术设备；④特殊功能如厨房、卫生间及收纳单元。对不同设备设施予以不同的整合方式，一方面将设备最大化地集成以节约其所占据空间，另一方面将复杂的设备提前预制，降低当地施工技术难度（图4.22）。

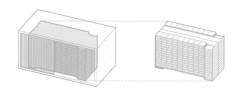 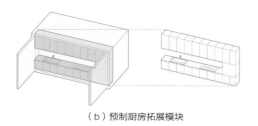

（a）伸缩座椅单元收纳模块　　　　　　　　　　（b）预制厨房拓展模块

图4.22　小型文化服务综合建筑设备集成方式

（1）基础设备

对于水、电、暖，新风空调等基础设备，学习路易斯·康提出的"服务空间"理念并进行设计，尽可能与结构构件如梁、柱集成，尽量不占据额外空间。

（2）服务功能的设备机械

对小型文化服务综合建筑相关的功能设备进行整理可知，其主要包含舞台机械设备、灯光音响设备两大类。除为每种模式提供适宜的条件外，设备还需在不同模式之间进行变化，具有应变能力。如将照明系统进行分区处理，采用模块化的格构单元，整合灯具、音响以及其他设备，可在不同高度进行调节，可分区控制，并预留部分插口以备不时之需。

（3）支撑空间切换的技术设备

关于空间可变支撑的技术设备，工业成熟的产品在剧场类建筑中已经有大量实践，采用模块化的方式统一处理，如采用标准集装箱单元进行部分模块的预制，控制成本的同时，符合运输、吊装尺寸。通过模块化方式将服务于建筑的设备设施模块尽可能预制、整合，为空间其他构件的变化节省空间，同时节约施工时间，降低施工难度，保证施工质量，更好地服务不同功能。

（4）特殊功能模块单元

卫生间、厨房和收纳功能预制化程度高，可将其视为一个功能模块。确定尺寸后，工厂化整体预制，预留水电接口，现场整体吊装，不需当地施工队安装处理，可保证模块的完成水准。同时可将每部分空间压缩到最小，需要时进行拓展，符合空间集约化的要求。度态建筑在白塔寺胡同里实践的"杂院预制模块"，包含一个超高强混凝土板预制的卫生间模块和一系列由多层板组成的储藏收纳单元，易于运输，大大降低了施工时间和工作强度（图4.23）。

图4.23　杂院预制模块实践（度态建筑）

4.5.3　家具通用化

家具在层级理论中，是最灵活可变的部分。使用者可根据喜好选择其样式，也可根据需要改变其布局。因此，家具是设计者控制力度最低的一个层级。但这并非说家具不重要。建筑师如若仅设计空间，不作任何家具选择、布局上的引导，那么最终使用效果可能并不尽如人意。

家具设计的引导性表现在方方面面，好选择应能成为功能的激发因素。赫兹伯格将这一思想运用在设计案例中，"有意识地留下一些未完成的东西"，比如在蒙台梭利小学中，他设计一种可将木构件自由组合的下沉台作为孩子们的游戏空间，激发其创造力和使用兴趣；他还常常通过多孔砌块上的空洞来提醒使用者做些什么。这些家具设计能够激发使用者自主地进行功能拓展，增加空间使用趣味（图4.24、图4.25）。

（a）模块化的家具通用　　　　　　　　　　　　（b）多功能家具的切换利用

图4.24　家具的适应性设计内容

（a）木凳子下沉游戏区　　　　　　（b）多孔砌块的灵活使用　　　　　　（c）扩大柱础用作广场坐凳

图4.25　家具设计的激发因素

对于既定功能间的转换，需考虑家具的通用性。演出所需的观众座椅和阅览的书桌椅不同，和传统红白喜事中的圆桌椅更不同，当它们被布置在同一空间中时，就需通过人工或机械方法一次次地收纳与替换，非常耗时耗力。如果设计师能够基于这几类家具共性，同时考虑到收纳要求而设计通用性高的便携式家具，对单一空间的转换将有很大帮助。让·努维尔（Jean Novel）设计团队所研究的一款具有强大环境适应力的折叠桌椅，采用钢管构架、激光切割的铝坐面和靠背、热镀锌钢板桌面，重量极小，方便搬运，折叠后所占空间很小，对室内外环境都有较好的功能适应性（图4.26）。

小型文化服务综合建筑规模小，收纳空间和使用人数有限，要尽可能地提升操作简易性。采用截然不同的家具显得耗费颇多，应使用通用型家具令其根据功能变

图4.26　让·努维尔和Petar Zaharinov的通用折叠桌椅设计

化而改变布局，让收纳变得方便。这样既能较快速实现功能转换，还可减少人工、材料成本，增加空间的集约性，提升其对不同功能的适应力。

CHAPTER
5

综合体的可变性：
空间响应功能

5.1 可变性：空间满足功能

过去百年间，在对适应性建筑设计理论研究的基础上，产生了许多建筑实践。通过对这些案例的归纳和整理，可以看出，单一空间若想实现功能多变，需要从改变功能对空间的限定关系入手。每种功能都对空间形式具有一定的制约性，可能是规模大小、一定形状或者是特殊性能等不同方面。其中要求相似的功能，在单一空间共存的可能较大，要求不同的功能，则需要空间作出相应调整，这就是适应性设计的原则和内容。

彭一刚先生将这种制约关系概括为功能对空间的规定性，并将单一空间中的规定性总结为对空间量的规定性、形的规定性和质的规定性。一个空间若想"盛放"人们的活动，必须具有以上三方面的规定性。根据这一理论，现有实践案例所采用的设计方法可以归纳为三个原则：①以改变空间的量为目的；②以改变空间的形为目的；③以改变空间的质为目的。这三种设计方法在提升空间适应性层面各有侧重，有的功能相互适应，只需要调整容量或规模，有的则需要两项甚至三项都进行改变，因此面对不同的项目需要遵循不同的原则。

5.1.1 改变空间的量

如上所说，功能对空间有容量的要求，既有面积的，也有体积的，不同功能的要求也不相同。拿住宅举例，客厅承载的活动多，面积自然比卫生间大。一个空间的使用要求不同，其面积大小就随之变化，多功能空间需要承载不同活动，那么面积也应当在对功能进行研究后确定一个区间，若能满足要求最高的功能，那么一般性功能也能囊括其中。通过扩展面积或重新划分空间来实现功能的并置或替换，是适应性设计中常采用的做法。

2019年刚刚竣工开放的纽约"棚屋"艺术中心（The Shed）艺术中心由DS+R（Diller Scofidio + Renfro）事务所设计，是典型的以"改变空间的量"为目的的案例。该建筑位于纽约哈德逊广场，设计时预留的广场是该建筑容量扩展的基础。当"棚屋"艺术中心顶部高达37m的可伸缩外壳从基础建筑物上沿着轨道移动到相邻广场上时，形成了一个可以容纳大型表演、装置展出和各种活动的标志性空间，不仅拓展了建筑的容量，创造了一个多功能半室外空间，还为建筑的使用方式创造了无限可能（图5.1）。

图5.1 "棚屋"艺术中心可伸展外壳的开、闭状态

德国建筑师奥尔曼·萨特勒·瓦普（Allmann Sattler Wappner）设计的慕尼黑圣心教堂（Church of the Sacred Heart）是"改变空间的量"这一设计方法的又一例证。该建筑看起来是一个玻璃盒子包裹着的一个木头盒子，两个盒子中间夹着一个缓冲空间，入口立面则是两扇大型可开启玻璃门（图5.2）。木

图5.2 德国慕尼黑圣心教堂可开启立面

门关闭、玻璃门打开时，活动具有外向性，就像朗香教堂的凹陷入口一样可以利用门口的空地举办室外活动；当木门、玻璃门都打开时，室内活动人数的承载量上升，空间得到扩容，室内外的界限被两扇巨大玻璃门构成的可开启立面打破。使用者可以根据活动的容量需求选择立面的开闭，一定程度上增加了空间的灵活性。

可见，空间容量的改变对建筑的多功能具有重要意义，其主要手法表现为：设计之初预留场地为未来的拓展作准备，以及通过界面的开启、滑动、折叠等手段对室外空间加以利用，增加空间承载人数的上限，提升空间的丰富性及活动内容的多样性。

5.1.2 改变空间的形

就像不同的乐器有各自匹配的乐器箱，不同的功能也有其对应的空间形状要求，比如一般住宅房间选择方形较为舒适，而体育馆因为观演活动的特殊性却需要选择椭圆形平面。即便长方形空间对多种功能来讲都较为适合，但有时也需要根据活动的特性而选择不同的长、高、宽比。因此除了改变空间的容量，对空间的形状进行调整，也可以使其适应不同的功能需求。

空间的形可以理解为外部和内部形状。对于单一空间来讲，外部形状主要受界面影响，比如开合屋盖或是建筑立面的外延、收缩。内部空间形态的改变可通过室内分隔构件的水平移动调整室内各空间长宽比，以及大小空间的分隔与合并，从而使之适应不同活动；通过构件的垂直移动如楼板的升降，也可以使空间更具有灵活性。以上形态的变化大多需要先对结构进行模数化、标准化设计，使得构件的移动、空间的变化有迹可循。

有些临时性移动建筑的设计是通过调整建筑外部形态使之适应更多功能。荷兰建筑师爱德华·伯特林克（Eduard Böhtlingk）设计的名为De Markies的特殊房车，其两侧立面可以像折叠扇般展开，形成丰富的野外家庭生活空间。中间固定部分包含厨房、储存空间和餐厅，扩展后房车面积大了三倍，一侧的帆布拉下后是具有四张床的卧室，另一侧玻璃膜扩展成为起居室（图5.3）。2009年意大利灾

图5.3　De Markies房车的形态变化

后临时安置房的竞赛中，获奖作品"X-BOX灾后折叠移动方舱"与之异曲同工。该建筑如同一个折叠魔方，将床、洗手池、卫生间、淋浴间，还有桌椅家具等生活必备物资固定在两面箱板上，充分利用空间折叠、伸缩、旋转等方式，让一个3m×1.2m×2.6m的箱体变成一个家具和设备齐全的临时安置所。翻转立面和可折叠的柔性材料改变了空间形态的同时也实现了功能的多样性（图5.4）。

空间内部形态改变是指通过墙体、楼板等分隔构件的移动实现空间布局的调整，以适应不同功能需要的空间形态。这种做法并不新鲜，日本传统住宅中通过灵活滑动的障子对空间进行分隔就是最好的例子（图5.5）。这种思想也影响了斯蒂文·霍尔（Steven Holl），20世纪90年代他在日本设计的福冈公寓（Void Space/Hinged Space Housing）就利用了"铰链空间"的概念，在室内设计了绕轴旋转门，根据家庭使用人数的变化可以随时调节旋转构件，对空间进行重新划分，改变每个房间的大小和形状。

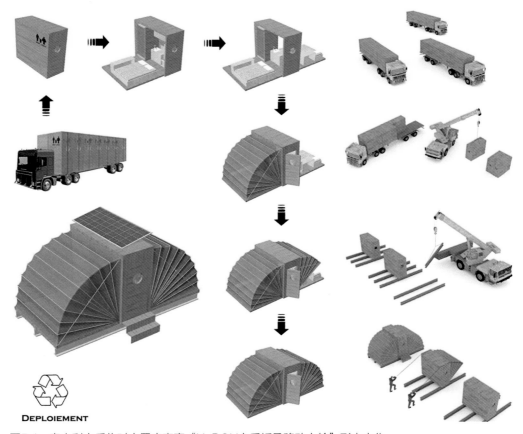

图5.4　意大利灾后临时安置房竞赛"X-BOX灾后折叠移动方舱"形态变化

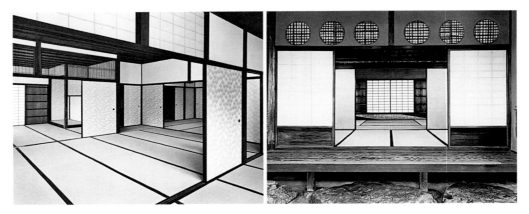

图5.5 桂离宫中用"障子"改变空间的形

随着技术的发展，室内构件的移动方式也从手动变为机械化，这使得室内布局的改变更为容易，单个空间对不同功能的适应性也更高。在波尔多住宅（The Bordeaux House）中，库哈斯为行动不便的业主设计了一块可升降楼板，需要上下通行时该楼板化作电梯，不需要时就并入

图5.6 波尔多住宅中的升降楼板

功能空间。该楼板的移动改变了空间在高度上的形态（图5.6）。威利剧院（Wyly Theatre）也是通过地面的升降组合来实现不同演出模式之间的切换。建筑构件机械化既能够为空间形态变化带来无限可能，又减少了操作的难度，是空间适应性设计的发展趋势所在。

综上，界面拓展带来的外部形态变化和室内分隔构件移动带来的内部形态变化，其目的都是调节建筑自身，使之能够承载更多功能。需要注意的是，无论是界面还是分隔构件，其变化都依托于结构的集约化设计，比如密斯的伊利诺伊克朗楼、路易斯·康的理查德医学院大楼，均在设计初期把结构作为重点对象进行模数化设计、设备空间整合集成，从而预留出一个可供变化的大空间（图5.7）。因此结构的集约设计也可以看作是以改变空间形态为目的的设计手段。

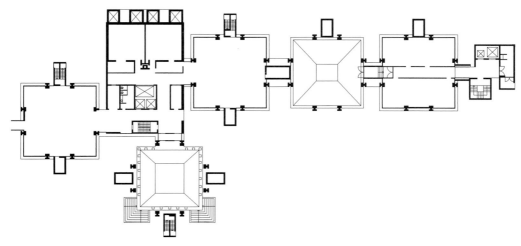

图5.7　理查德医学院大楼平面图

5.1.3　改变空间的质

空间的质既包含承载活动的性质又包含空间舒适度的品质，对于一个空间来讲，如果其承载的功能发生了变化，那么其性质就随之改变。前者是说功能对空间的定义有影响，将一个会议桌放入办公室里，那么空间的性质就从办公室改变为会议室；而后者是说不同的功能对空间的品质有所规定，从基础的采光、通风、照明，到特殊的噪声、温湿度、PM$_{2.5}$的要求都不相同。适应性高的空间应该可以通过调节自身，使得在质的方面具备与功能相符合的条件。

简单来说，门窗设置和朝向的差别所带来的交通、日照、采光、通风等条件的优劣，就是功能对于空间质的规定性的反映。这部分考虑更多人的使用体验，因此，一个空间如果能在"量""形"都满足不同功能要求的基础上，再符合"质"的条件，那么其适应性的水准就是比较高的。

大型体育馆、会展中心通过机械开合屋面实现的建筑空间室内外转换是该设计方法最广泛的运用。晴朗天气时打开屋面可以得到较好的日照，阴雨天气时关闭屋面，不影响室内活动的开展。加拿大蒙特利尔奥运会体育场（The Big "O" Olympic Stadium）的柔性膜结构屋面，美国匹兹堡市民体育场（Civic Arena in Pittsburgh）的刚性滑动屋盖、亚特兰大梅赛德斯-奔驰体育场（Mercedes Benz Stadium）的花瓣形旋转屋面等，都是通过顶界面的开闭对空间的质进行调节，随着活动的改变，其空间的氛围也随之改变（图5.8）。

（a）加拿大蒙特利尔奥运会体育场

（b）美国匹兹堡市民体育场

（c）美国亚特兰大梅赛德斯-
奔驰体育场

图5.8　体育馆通过可开启屋面调节空间的质

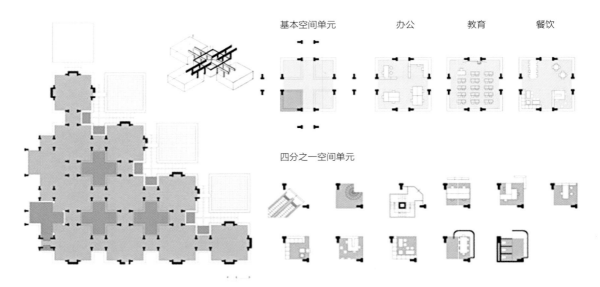

图5.9　比希尔中心办公大楼的空间布局及家具布置灵活性

　　通过空间结构的设计，使室内布局有利于家具的调整也是改变空间质的一种设计方法。赫兹伯格认为，建筑应该为使用者提供关于如何使用空间的明确暗示，通过对可能发生的功能进行研究，为改变提供隐藏的条件。在比希尔中心办公大楼（Central Beheer Office Building）的设计中，他试图为办公人员创作属于自己的场所。设计中使用一个规则的网格结构组成建筑平面，每个空间单元都可以进行适当的调整以符合直接使用者的期望和工作类型的需求。这种岛屿式的单元体块能够提供不同的组合方式，它们的尺寸、形式和空间组织都是通过对人行为和活动类型的研究之后提出的，具有极高的功能适应性，使用者可以根据需要灵活地布置家居、划分空间，从而改变空间质的属性（图5.9）。

5.2 空间的可变性设计策略

根据前文对小型文化服务综合建筑功能组成、空间布局的梳理，综合考虑建筑的经济性、推广性、公共性的要求，以改变空间的量、形、质为原则，可以提出适用于村镇文化服务综合建筑的适应性设计策略。策略从布兰德的建筑层级理论出发，分别从界面、室内分隔构件和交通空间三个层面实现建筑空间的通用性与可变性，提升整体的适应性，落实可操作的技术方法，符合未来建筑集约性的发展趋势，最终实现使用者对建筑多功能的理解与操作。

5.2.1 界面动态化

如果说结构设计是为建筑的适应性变化做准备，那界面（Skin）的可变设计将直接影响建筑的量、形和质。界面是指围合建筑空间的四个立面和顶面的围护部分，有时也被称为"表皮"。除围合空间外，立面作为气候边界用以保证室内空间的物理性能，即自然采光、自然通风、保温隔热等功能需求。人们为提升建筑性能，在界面领域的探索从未停止，从手动推拉门，到机械化控制的追光表皮，界面变化多种多样（图5.10）。其目的是模糊室内外边界、调节室内空间品质等，为建筑内部空间的功能模式转换提供相应的条件。界面的形态变化是适应性建筑策略中很重要的一环。

1. 界面形态改变室内外关系

界面是空间的物理边界。随着科技手段的进步和人们对建筑空间要求的提升，将室内外空间割裂的传统设计手法并不适用于多功能利用的未来建筑。有限规模的小型文化服务综合建筑，要承载红白喜事等特殊功能，需拓展部分功能到其活动场

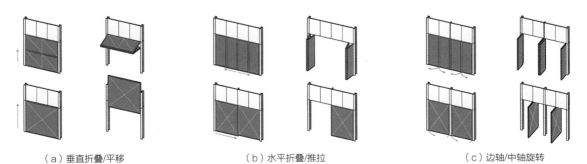

（a）垂直折叠/平移　　　　　　　（b）水平折叠/推拉　　　　　　　（c）边轴/中轴旋转

图5.10　界面形态变化的方式

地上。故立面的开启至关重要。

建筑立面的开启可将室外场地纳为己用，营造出不同的空间体验。在OPEN建筑事务所设计的歌华营地体验中心，面向内部庭院的两层大型折叠门打开时，观演行为延伸到室外，舞台转向室内外边界处，为观众营造身处室内或室外这两个不同空间的观演体验（图5.11）。小型文化服务综合建筑中也将承载观演活动，舞台立面的开启将为建筑的使用模式带来更多可能。除了功能拓展，更重要的是带来不同体验。

图5.11　歌华营地体验中心的庭院剧场

坂茂的日本大分县立美术馆采用大片水平折叠单元，将展厅空间与城市广场相结合，强化了建筑与周边环境的联系（图5.12）。

建筑外围护结构及其附属物的变化方式多样，体育场建筑中常用的开合屋盖，以及上文提到的立面开启都属于界面的可变设计。变形原理可综合伸缩、滑动、折叠等多种形式。小型文化服务综合建筑可根据实际条件采用相应的变化形式，以手动或机械操作的方式来控制。如此既可增加建筑的公共性，也可提升功能的可变性。

图5.12　坂茂的日本大分县立美术馆水平折叠立面

2. 表皮变化调节室内性能

随着立面的开启或关闭，室内空间氛围也会随之改变。外围护结构除了分隔室内外空间，还应保证内部空间的舒适度，包括光照、通风、灰尘、噪声等方面。一般来讲，单一功能对空间品质有相应要求，但当公共建筑容纳多功能时，空间品质也需应对模式的调整。比如小型文化服务综合建筑中的观演模式，对照明要求较高，常通过人工照明的方式供给，那么就需要建筑的封闭界面提供无光照环境，同时界面内侧最好附着吸声材料，对混响时间进行控制；一旦内部功能切换为阅览或展览，则需保证人眼在漫反射光的条件下进行阅读。若这两种截然相反的要求需在同一个空间中得以满足，就应采用可灵活变动的界面。

为了提升空间性能，公共建筑往往采用双层表皮进行界面调节。最常见的是玻璃幕墙配合遮光百叶，百叶开启可采光，百叶关闭可用作会议室和演艺空间，百叶和玻璃幕同时打开可自然通风。随着材料的拓展，双层表皮的组合愈发丰富，室内遮光帘、外部穿孔板等形式都可以根据使用需求变化，其控制方式分为手动控制、机械控制及全自动化追光等（图5.13）。

（a）里斯本公寓（Arberto de Souza Oliveira） （b）The Klotski 办公楼（Graham Baba Architects）

图5.13　双层表皮调节建筑性能实例

5.2.2　室内分隔灵活化

不同功能对空间规模和形态的要求不同。当设计采用一个通用大空间试图承载几种功能并实现转换时，就需要一些可移动构件来帮助划分组合空间。根据技术设备上的经济投入，可采取人工制动与机械驱动结合的方式移动构件，带来室内空间的灵活变化。根据移动方向，可将其分为水平构件和垂直构件（图5.14）。

 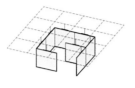  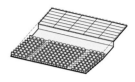

（a）通过活动展板划分空间　　　　　　　　　　　（b）通过水平构件的升降改变室内布局

图5.14　水平构件与垂直构件对空间的变化作用

图5.15　9平方米之屋的室内空间分隔

　　传统日本住宅通过幛子划分空间，现代办公空间通过滑动隔墙界定工区，都是通过移动面板对空间重新划定以改变建筑内部空间的面积、比例和围合状态。坂茂于1997年设计的9平方米之屋（9 Square Grid House）采用正方形平面，两侧通过钢柱支撑，集成生活所需的收纳空间，每个收纳模块之间预留空隙，用于存放屏风、隔板等。这些建筑构件通过排列组合能够形成不同布局，空间划分灵活多变，可以适应不同季节或不同功能的需求。此时，传统意义上的屏风、墙体就成为对空间进行适应性调节的新型建筑构件（图5.15）。[1]

　　除住宅外，多功能可变剧场也广泛运用可分隔构件。大型剧院常灵活运用吸声隔墙把多个不同功能剧场进行组合，实现舞台、后台、观众厅的共用，在空间功能转化和共享中实现可变。随着移动隔墙技术的普及，许多小型多功能厅也采取灵活的垂直构件来分隔空间。如意大利LUISS大学礼堂采用高隔声压缩面板实现楼座空间与主体空间的分隔，必要时楼梯还可作为小型教室使用（图5.16）。垂直构件的灵活变化，可实现不同功能的同时使用，或是通过互相借用提高空间利用率。小型文化服务综合建筑的多功能要求使得该策略成为十分重要的可变方法之一。

　　除了将空间灵活分隔作他用，还可移动水平构件对空间进行二次划分，改变空

1　张然. 灵活多变建筑及其可适性研究［D］. 南昌：南昌大学，2016.

图5.16　LUISS大学礼堂利用高隔声构件将楼座与主体空间分隔

图5.17　威利剧场可变的内景

间层次，调节空间大小和封闭情况。波尔多住宅的可升降地板是水平构件移动的典型。在观演建筑中，常通过移动楼板来调节空间，使之适应不同观演关系。库哈斯为达拉斯剧团中心设计的迪和查尔斯·威利剧场（Dee and Charles Wyly Theatre）开创性地将后台从舞台后部移至观众厅之上，形成垂直式开放的空间布局，解放舞台层平面，通过移动水平楼板、活动楼座、灵活座椅而适应多种不同的表演艺术形式。威利剧场就像一个巨型机器，通过机械制动辅以人工操作，使按需布置的演出方式成为可能，改变传统剧场在使用上的被动局面（图5.17、图5.18）。[1]这种单厅可变的模式对小型文化服务综合建筑这种通用性大空间有极高的借鉴意义。

通过水平构件和垂直构件的平移、折叠、滑动等技术手段，实现空间的层次划分和水平分隔，有利于在单一空间内满足不同功能的使用或同一功能的不同效果，在保证空间品质的同时，极大地提升了空间的功能适应性。

1　罗敏杰．空间界面视角下的可变剧场建筑设计研究［D］．北京：清华大学，2013．

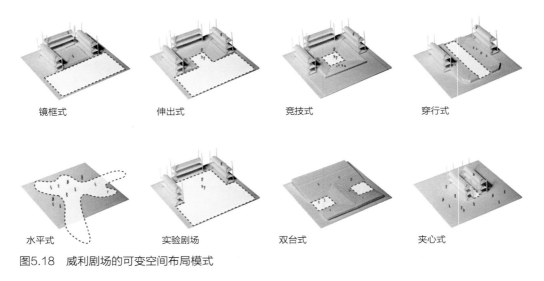

镜框式　　　　　伸出式　　　　　竞技式　　　　　穿行式

水平式　　　　　实验剧场　　　　双台式　　　　　夹心式

图5.18　威利剧场的可变空间布局模式

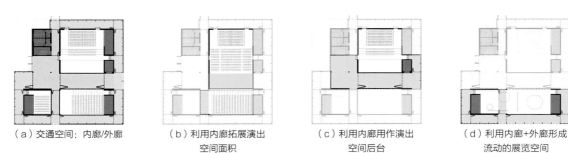

（a）交通空间：内廊/外廊　　（b）利用内廊拓展演出　　（c）利用内廊用作演出　　（d）利用内廊+外廊形成
　　　　　　　　　　　　　　　　　空间面积　　　　　　　　　空间后台　　　　　　　　流动的展览空间

图5.19　交通空间的多重属性和利用方式

5.2.3　交通空间多义化

交通空间设计层级，包含入口门厅、走廊、楼梯间等。在设计中进行灵活布置，对空间功能拓展有重要意义（图5.19）。

把两层表皮间的狭窄空间稍加拓宽至走廊宽度，就可起到建筑附加功能拓展和流线组织的功效（图5.20）。CCDI悉地国际的深圳莲花山公交总站改造，在原建筑外一周附加一道表皮，营造出环绕建筑的廊空间，丰富建筑立面的同时，调节建筑的光照及通风效果。如和室内进行有效

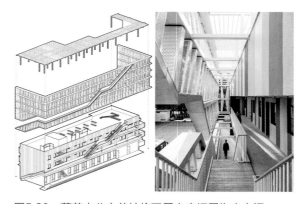

图5.20　莲花山公交总站将双层表皮拓展为廊空间

图5.21　罗纳德·佩雷尔曼表演艺术中心通过灵活分隔对廊空间进行多重利用

结合，还可成为内部功能的拓展空间。在罗纳德·佩雷尔曼表演艺术中心（Ronald O. Perelman Performing Arts Center）的设计中，REX事务所未给剧场空间设置固定后台，而是通过双向门隔断，演出时将走廊空间转化为更衣室和化妆室，日常则作为交通组织空间。对交通空间的多重利用大大提高了空间的集约度和可变程度，为适应更多功能提供基础（图5.21）。

5.3　支撑功能空间切换的技术与设备

为了更有针对性地对构件变换与设备集成进行设计，需要对建筑将要整合的元素有全方位的了解，同时在设计阶段进行多专业协同，有利于减少错误，降低成本，加强建筑的集成度。

同时，可以根据功能需求的不同，将演出、宴会等归于动态功能模式，而展览、阅览则归于静态功能模式，假定相同功能模式之间对于装备需求基本一致，那么空间快速切换技术也可以分为同类切换和跨类切换。跨类切换需要控制的内容众多，因此，在条件允许的情况下可以引入计算机辅助控制技术。

5.3.1　多功能移动隔墙

当两种以上功能在统一空间并置时，需要对大空间进行室内分隔，多功能移动隔墙可以很好地解决这一问题。其形式包含隔声卷帘、推拉式隔声板、升降墙板等，其运动原理包括旋转、推拉、折叠等，各规模建筑可以根据实际需要选择不同的方式。

卷帘可以通过绕轴的方式储存于吊顶之上的结构空间中，是一种节省空间的分隔方式。因为密封性不如硬质材料，所以对隔声材料的选择很重要，除了分隔空间以外，还可以作为屏幕投放区域，便于安装和使用。

图5.22　多功能移动隔墙实例

推拉式隔声板一般都不是整体性的，需要将整片墙体按照模数分块，但每个单元的顶部需要与导轨进行连接。如果空间太高，单块墙板尺寸过大，人工控制有难度，可以通过轨道格栅进行转换，不过隔声效果不如固定结构墙体，因此相对安静的功能比如阅览和展览并置时可以采用这种方式（图5.22）。OPEN事务所对哥伦比亚大学北京建筑中心进行改造的时候就运用了六扇活动隔墙。不过需要注意的是，折叠墙板需要在平面设置收纳空间，不需要使用的时候，利用墙边空间或是统一的收纳单元进行存放，不会对主体空间的使用造成影响。

除了垂直方向的推拉外，还有水平方向向上收纳的隔断方式，REX设计的罗纳德·佩雷尔曼表演艺术中心就运用了这一方式，只需要在屋顶预留出一定的高度进行收纳，可以和大跨空间的结构高度进行整合。这是保证分隔效果的情况下较为集约的一种方式。

除了这种简单的单层隔墙外，多功能移动隔墙的设计，能够将舞台、书架整合其中（图5.23）。通过在建筑两侧钢结构顶部安装导轨，将墙体通过驱动组件放置在导轨上，在活动空间内沿着长度方向移动，实现空间的分隔变化。内部采用钢架结构，为外部装备的翻转舞台、旋转书架提供安装载体，具有吸声阻燃的特性（图5.23）。

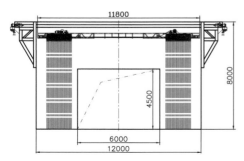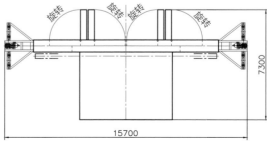

图5.23　多功能移动隔墙示意图

在演出模式下，移动到指定位置作为舞台台口，把活动空间划分为舞台和观众厅区域；会议和展览模式时可以充当背景墙；在阅览模式时，墙体的一部分可以旋转打开成为书架。

5.3.2　活动坐席

多功能空间的坐席设计根据具体的使用功能确定不同座椅的合理配比，不同类型座椅的吸声系数不同，对空间的声学效果有一定影响。本书所述文化服务综合体要满足多功能使用需求，采用活动座椅和活动坐席最经济实用，前者往往是单个独立的简易折叠座椅或者沙发椅，后者是指具有阶梯的活动坐席形式，需要固定的储存空间，具有一定的灵活性，支撑结构为手动或电动机械，常见的有伸缩式、地埋式、座椅台车等形式。

5.3.3　舞台灯光音响系统

通常情况下，多功能空间内机械、灯光、视频、音响等专业设备各成系统，无法满足本书所述文化综合体对于小型化、集约化的要求。因此，应用于小型文化服务综合体的机械设备应在原有基础上进行优化或开发专用设备，保证其满足紧凑化、多功能的要求。还应采用智能化的专用集控台、配置简单明了的操控界面，使基层的非专业人员也能轻松操作，有助于文化服务综合体在实际使用时能快速实现不同功能模式之间的转换，提高使用效率。

5.3.4　自动爬升收藏舞台

自动爬升收藏舞台是一种机械化的舞台方式，可以通过与地面的结合设计，改变空间的水平布局。当舞台升起时，形成墙体，可以对活动空间进行分隔，也可以用作背景墙，可以搬运至不同位置摆放；水平放置时，可作为舞台、讲台使用（图5.24）。

以乡村为建设背景的小型文化服务综合建筑，从一开始的目标就是要通过最小的建设量实现最大的功能容量，以满足农村日益增长的文化服务需求。

研究梳理从古至今的建筑适应性设计理论，可以看出，适应性设计关注建筑的经济性、可持续性和技术可行性三个层面，研究的发展保持着一种从想法到落地的进阶趋势，其目标是使得建筑能够更好地适应使用者需求的变化、环境和社会的变

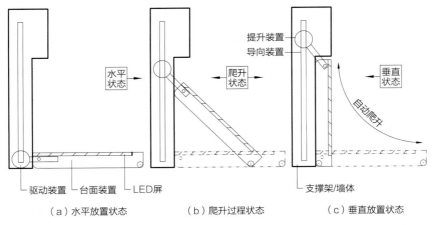

（a）水平放置状态　　　　　（b）爬升过程状态　　　　　（c）垂直放置状态

图5.24　自动爬升舞台机械示意图

化，同时在技术上具有可操作性，又能顺行社会的可持续发展趋势。

　　根据最终使用目的的不同，建筑对适应性程度的需求亦不相同，需要采用不同的设计方法。以改变空间的量、形或质为原则的适应性，都是为了在操作层面使空间更加符合期望功能的发生条件，在物质和精神层面都能够更好地为人所用。在具体的空间操作上，表现为对建筑的结构、界面、设备设施、室内分隔、家具以及交通空间的灵活设计和使用。其中设备设施、室内分隔、家具及交通空间层级的策略更适用于小型综合建筑的适应性功能转换。

CHAPTER

6

综合体空间划分的算法研究

6.1 设计问题的预处理

6.1.1 目标归纳

建筑的多功能与适应性是两个相对的概念，主要针对建筑物的空间与设施的配置方式如何满足不同使用功能的需求。其中多功能指的是建筑物通过空间与设施的精准改变，满足其中不同功能变化后的使用要求。比如一座建筑物，通过改变地面的升起、灯光音响设备等设施，从展览功能转变为观演功能，精准地满足不同的使用需求，达到较高的功能水准。其中的适应性指的是建筑物的空间与设施基本不变的条件下，能够基本适应不同的使用需求。比如一座建筑物，其空间形状、家具、音响都基本固定不变，各种技术条件如视线、音效、灯光都处于一种"凑合"的状态，但是也能基本满足开会的需求和观演的需求。这类状况通常也可以描述为多目的建筑。

小型文化服务综合体的研究，面临如何在空间上解决多种不同使用需求的问题。在精准地应对和"凑合"地满足两个方面，如何用一套技术方法，较好地解决空间划分的问题呢？鉴于问题的难度，首先应解决平面的划分问题。

基于上述适应性概念，对于一个单一的高大空间，"通用性"指的是设计通过使用者对环境的适应、对活动部品（人力便于改变的家具设施）的变更而产生的通用性建筑平面。使用者改变自身的程度越低，通用性就越好。这种程度非常主观，在此，我们可以用使用者改变自身适应功能转换的"次数"概括该程度。即使用者改变自身适应功能转换的次数越少，建筑平面的通用性就越好。

与之相反，基于前述多功能概念，"可变性"指的是设计通过对固定部品（建筑装修、建筑设备）的变更而产生的可变性建筑平面。其中，建筑装修包括建筑墙体布置、建筑吊顶高度及形式、建筑地面标高及形式、固定家具与墙顶地的结合等。建筑设备包括空调、消防、动力、监控、智能化、弱电、灯光照明、音响、舞台机械等。根据经验，可变性建筑平面中，"墙体"围合的空间是否能满足功能面积及尺寸要求是建筑设计上优先级最高的设计要素，可变性问题的关键点就是确定建筑平面中墙体的划分问题。对于一个单一的高大空间，所有内墙体都是可变的，满足功能变化所需要的内墙越少，功能转换的难度就越低，建筑平面的可变性就越好（图6.1）。

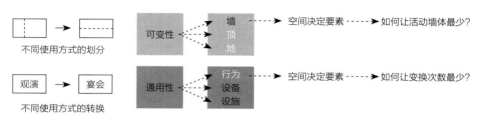

图6.1　可变性和通用性概念推导简图

6.1.2　形式编码

对于建筑设计领域的生成模型，平面形式的数据化是计算的起点与难点。我们可以将多功能小型文化服务综合体的建筑外轮廓预先设定为一个矩形，平面形式的生成就是在一个矩形内部编码的过程。本书提出以下两种针对性的平面形式编码方式。

1. 切分平面生成器

将所有建筑平面图均理解为原始图形基于递归原则的n次（$0 \leqslant n \leqslant 4$，$n \in$整数）切分图形。

在一个矩形平面中，每多一个矩形，就意味着在上一个生成平面（1个或者多个矩形）之中的一个矩形内增加了一条直线分割线，将这个矩形切分为两个新的矩形，并将两个新矩形与未被切分的其他矩形共同输入下一次计算。每经过一次这样的计算，切分参数增加一个。对于多功能小型文化服务综合体，其功能限定为会议、宴会、观演、展览、阅览五种，即可以表达为带有4个参数（$q_1 \sim q_4$）的切分数组v_1（图6.2）。

$$v_1 = [q_1, q_2, q_3, q_4] \tag{6.1}$$

图6.2　切分平面生成器原理简图

2. 切分/组合平面生成器

将所有平面图形均理解为原始图形基于递归原则的n次（$0 \leqslant n \leqslant m+4$，$m \geqslant 0$，$m$、$n \in$ 整数）切分和m次（$m \geqslant 0$，$m \in$ 整数）组合后的图形。

切分/组合平面生成器是切分平面生成器的升级版，是在其基础上增加组合参数而得到的。在切分后的平面中，每增加一个组合参数，就可以按照规则选择平面中某两个矩形组合一次，形成的新图形与其他没参与组合的图形共同输入到下一次计算中。每经过一次这样的计算，组合参数增加一个。由于组合会同时抵消切分，每增加一次组合就要同时增加一次切分。另外，从几何上来说，矩形组合一次就可变为L形，组合两次就可变成U形或者Z形，组合三次就可变成"回"形或者其他更为复杂的图形。对于本书研究的多功能小型文化服务综合体，组合次数定为3次就已经足够覆盖所有图形可能。我们可以将切分/组合平面生成器产生的图形表达为带有7个切分参数（$q_1 \sim q_7$）和3个组合参数（$z_1 \sim z_3$）的切分/组合数组v_2（图6.3）。

$$v_2 = [q_1, q_2, q_3, q_4, q_5, q_6, q_7, z_1, z_2, z_3] \tag{6.2}$$

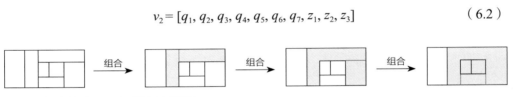

图6.3 切分/组合平面生成器原理简图

6.1.3 生成器的选择与运用

切分/组合数组v_2对我们建筑设计的平面形式具有较强的覆盖性，能够生成包括矩形、L形、U形、Z形、"回"形的典型平面形式。但根据笔者的测试经验，v_2产生的图形在遗传算法寻优时多数会被淘汰掉，理论上的"回"形平面甚至从未迭代保留过。笔者认为，v_2具有先天的局限性，其产生的形式较为复杂，缺乏矩形的简洁，其生成形式结果质量较低且重复性强，效率并不高。我们可以作出简单的结论，切分/组合数组v_2不成熟，在建筑设计中，通过简单的数组来编码任意形式的建筑平面，仍旧是一个非常困难的任务。

两种不同的平面生成器特征比较　　　　　　　表6.1

	v_1（切分数组）	v_2（切分/组合数组）
图形特征	简洁，只有唯一平面形式	复杂，可覆盖大多数平面形式
计算速度	快	慢
图形重复性	低	高
图形有效性	高	低

与之相反，切分数组v_1非常简洁，计算量少，计算速度快，生成图形重复性低。由于矩形是建筑设计中最为常用的图形，这种生成器产生的平面图形有效性非常强。通过预先设定简单的控制参数，设计者很容易就能得到非常接近于建筑师实践的建筑平面形式。因此，笔者最终采用的就是切分数组v_1。对于多功能小型文化服务综合体，平面形式最多会有5次转换可能性，实际模型采用的是5次v_1共同作用的切分矩阵：

$$v = \begin{bmatrix} a_1 & a_2 & a_3 & a_4 \\ b_1 & b_2 & b_3 & b_4 \\ c_1 & c_2 & c_3 & c_4 \\ d_1 & d_2 & d_3 & d_4 \\ e_1 & e_2 & e_3 & e_4 \end{bmatrix} \qquad （6.3）$$

$$x_i \in [0, l_2 + i \times l_1], x \in \{a, b, c, d, e\}, i \in \{1, 2, 3, 4\}$$

l_1、l_2分别为初始矩形长边、短边长度

1. 测试模块

测试模块是将传统建筑设计条件中的关键信息，表示为计算机可以识别的特征参数，并以特征参数为媒介，建立设计条件与形式编码的匹配规则。

通常来说，建筑设计信息庞杂而无序，我们应基于建筑师经验，对其中必要的、关键的、对结果影响较大的特征进行提取。笔者整理了常用的建筑设计条件，包括建筑面积、平面尺寸、建筑净高、采光方向及要求、日照及遮挡关系、建筑通风、消防排烟、室内采暖及空调、地面标高、主出入口及疏散口的设置等。理论上，这些设计条件均与设计存在较强关联性，针对不同的项目可以设定完全不同的特征参数规则。在此，笔者针对多功能小型文化服务综合体，设定特征参数如下：

$$特征参数_{多功能小型文化服务综合体} = \begin{bmatrix} 面积最小值, & 边长最小值 \end{bmatrix} \qquad （6.4）$$

公式中，面积最小值指的是对于一个设计任务，委托方提出的任务书中对功能使用需求的最低标准。对于不同项目，该数据不同。边长最小值，指的是对于一种具体功能，建筑设计所要求的最小边长，低于这个数字，该功能在平面设计中就无法实现。边长最小值通过案例研究、相关调研、建筑师经验及针对性的测试得到，对于不同项目，该特征参数基本不变。特征参数与形式编码的匹配规则见图6.4。

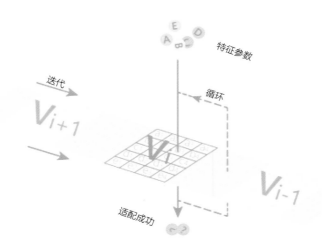

图6.4　特征参数与形式编码匹配规则简图

2. 测试序列

建筑功能之间具有关联性，对于多功能小型文化服务综合体，宴会、会议、观演、展览、阅览五种功能彼此之间存在相容、兼容和相斥[1]三种状态，这意味着不同功能在一起发生的概率并不相同。笔者假设五种功能中每两种功能组合的概率独立存在，完全不受第三种功能的影响，那多功能组合概率就可以通过每两种功能组合概率计算求得，而每两种功能组合概率可以通过案例研究、相关调研、建筑师经验及针对性的测试得到。最终获得多功能组合概率，并对该概率进行排序，输入模型作为测试序列。多功能组合概率表示如下：

$$P_S = \left(\prod_{\substack{i \neq j \& i,\, j \in S}} P_{ij} \right)^{\frac{1}{C_{card(S)}^{2}}} \quad (6.5)$$

$$S \subset \{A,\, B,\, C,\, D,\, E\} \& card(S) \geqslant 2$$

1　王婉琳. 小型综合文化服务建筑集约化与适应性设计研究［D］. 北京：清华大学，2020.

A，*B*，*C*，*D*，*E*为五种使用功能的编号，*S*表示功能组合的集合，*P*表示概率。

6.2 平面切分生成模型的搭建

切分矩阵、测试序列、测试模块、寻优目标共同组成基于遗传算法的平面切分生成模型。在实际操作中，为了剔除重复会额外增加"综合评分"作为第三个寻优目标。本次模型是将设计面积与任务要求面积的差值的标准差计为综合评分，并在人工选择阶段，将第三个寻优目标干扰剔除，从而获得符合设计条件预期的结果。此部分将在下文中以实际案例的方式进一步阐述（图6.5）。

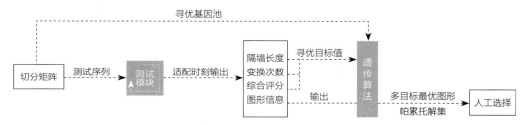

图6.5 平面切分生成模型框架及设计流程简图

6.3 设计实践：杭州市富阳区胥口镇葛溪村文化礼堂项目设计生成

葛溪村文化礼堂是胥口镇内规模最大的一座文化礼堂，位于胥口镇中心位置，本次设计将提升建筑功能服务能力，把葛溪村文化礼堂打造为供全镇使用的文化设施（图6.6）。该建筑平面呈矩形，尺寸为40.74m×20.24m（净尺寸39.74m×19.24m）。笔者通过与使用者沟通制定特征参数，将特征参数代入基于遗传算法的平面切分生成模型，计算如图6.7所示。

平面切分生成模型将计算结果以隔墙长度、变换次数、综合评分三个维度呈现出来，并通过优化，输出帕累托最优解集。在这之后，通过人工筛选，我们可以非常容易地剔除综合评分优解，只保留隔墙长度、变换次数两个目标，从而得到三个优选方案。

这三个优选方案分别代表1、2、3次空间转换的隔墙长度最优解，针对不同的项目，该结果完全不同。举例来说，设计条件越宽松（建筑空间较大而功能要求较

图6.6 葛溪村文化礼堂现状（图片来源：张三明提供）

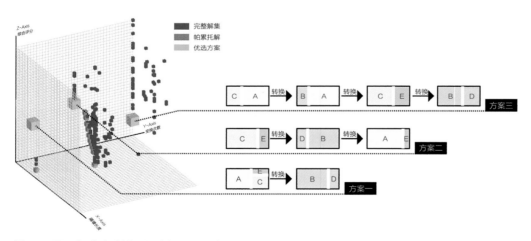

图6.7 平面切分生成模型的求解三维分布及三个优选方案平面简图

低），优选方案则更趋向于较少的转换次数，极端情况就是在一个单一空间中能够同时容纳所有的建筑功能，建筑空间不用考虑转换问题。而设计条件越苛刻（建筑空间较小而功能要求较高），优选方案则更趋向于较多的转换次数，极端情况就是在一个单一空间不设置隔墙，通过4次转换满足5种功能要求。

基于遗传算法的平面切分生成模型的结果往往趋向于几个相反的结论。对于方案一来说，空间的转换次数只有1次，是最少的，但隔墙需要的长度会更多。而方案二、方案三则是隔墙长度小，转换次数却需要2~3次。可以看到，方案二、方案三通过建筑短边方向设置的隔墙完成空间转换，方案一则额外增设了另一段新的局部隔墙。这些对优选方案的直接描述与归纳，成为针对多功能小型文化服务综合体的设备研发基础条件。

复杂的工具并不是用来复制常识的，而是揭示未来。基于遗传算法的平面切分生成模型能够提供在单一建筑空间中，既可通过隔墙划分空间，又可通过设施变换空间的最佳设计方案。该模型不限制项目规模，不限制项目功能，针对每一个项目，设计者只需要在最初调整建筑的平面尺寸和特征参数，计算机就可以非常快速地生成适合的推荐方案，是一个在建筑设计领域通用的设计模型。

与此同时，该模型在搭建过程中对建筑设计目标、建筑设计条件、建筑平面形式和建筑设计原则的数学表达方法，以及基于遗传算法的多目标寻优方法均具有通用性，可运用于处理建筑设计领域的其他设计问题。数学方法的进一步引入也会弥补建筑学科中缺乏数据、缺乏量化的短板。

对于多功能小型文化服务综合体，该模型得到的结果能够成为设备研发的基础条件。无论是平移隔墙、折叠隔墙、组装隔墙、吊顶下落隔墙，还是地面上升隔墙，通过归纳平面切分生成模型得到优选方案后，设备研发团队都可以做到隔墙变化方式及长度的精准设计，避免了对单一空间的满铺设备布置，降低了灯光、音响、舞台、空调等设备设施的设计难度，降低了成本，也降低了多功能小型文化服务综合体建设实施的难度。

基于遗传算法的平面切分生成模型不仅是一种方法，还对建筑设计领域的过去认知进行了全新的解释。本书中的可变性、通用性两个优化目标，可以分别近似于建筑学中多功能、适应性两个概念。该模型通过数学方法对这两个概念进行全新的清晰描述，并采用遗传算法，进一步揭示了两个概念的平衡关系，有助于建筑学人的设计理论发展。

基于遗传算法的平面切分生成模型仍有很大局限，其结果受特征参数影响较大。通常来说，设计项目的客户不能够提供清晰的任务书，特征参数的提取非常依赖建筑师的经验。这说明，工具由人掌握，平面切分生成模型成果的好坏，很大程度上体现的是使用这套工具的设计师本身的专业水平和经验。

CHAPTER
7

综合体建筑实践

7.1 概念方案：多功能复合单一体块的小型集约空间

7.1.1 设计目标

本书研究力图解决当前小城镇和农村按照功能分类配置原则构建文化服务载体的现状，直面其文化服务内容贫瘠、服务模式低下、设施构建成本低等因素，试图提出一套快速构建、功能可变的集约型综合服务空间载体理论框架，同时针对基层文化设施小型化，单一空间多用化，可适应群众非专业、多功能文化服务应用等需求，提出面向多种文化活动行为需求的空间设计解决方案，切实服务于基层群众的文化生活。

基于这样的背景，设计的总体目标是低成本设计、装配式建造和便捷化使用。即在建设阶段尽可能地减少当地建设方的建设难度，采用标准化设计的预制构件，保证建筑的完成度，营造尽可能简单的单一空间，这是建筑空间的集成化设计；尽可能地控制建筑的规模，解决空间使用率低下的问题。在集约化的空间设计和适应性的功能模式设计的结合下，实现以村民集会活动为核心的多功能设计，满足具有集约性、推广示范性、空间公共性的小型文化服务综合建筑设计。

7.1.2 三种规模的文化服务综合建筑设计

本研究将针对这三种不同的规模（图7.1），提出分别适用于较小规模的村、乡、镇的空间方案设计，并试图解决在一定规模内满足任务书要求的几种不同使用模式之间有效转换的问题。

三个方案除规模不同外，集约化的空间操作方式也各有侧重，具体将结合建设背景的实际情况，将经济成本、建设难度、使用方式、服务对象等全部列入考虑的范围内，从土地利用、功能复合、空间整合、结构选型、材料利用、集成设计几个方面提出具体的集约化设计策略，解决农村基础文化载体建设的问题。

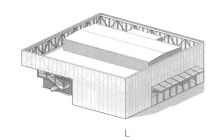

S　　　　　　　　　　　M　　　　　　　　　　　L

图7.1　三种规模的小型综合文化服务建筑方案

1．方案S：村级文化服务综合建筑

结合前文集约化策略的研究，村级的小型文化服务综合建筑在设计上严格遵守集约化设计的策略（图7.2）。

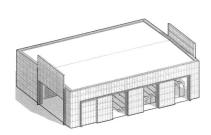

（1）土地利用

首先，500m²的规模将建筑所需空间压缩至

图7.2　方案S

最小，不占用多余的土地也不追求夸张的造型，确定具体选址后，可以结合室外场地进行布置。笔者在调研中发现有的行政村常住人口只有100～300人，这种情况可以考虑几个行政村共用一个空间，避免过度建设。

（2）功能复合

虽然面积不大，但仍然可以满足村子日常所需的文化服务功能，该规模刚好满足100～300人的演出、会议和宴会功能。在典型事件以外，可灵活布置阅览、会议等其他功能。

由于农村对每种功能的专业性要求较低，因此设计在功能上采用了兼容的处理方式，即通过合理的结构选型和设备的集成设计，保证该空间具备每种功能最基本的要求，但对于某些耗费成本的部分则适当降低水准，如演出功能并没有采用具有高吸声效果的材料做封闭空间界面，而是保持了通透的空间，更加强调其作为社区中心的通用属性。

（3）空间紧凑

通用空间是本方案的一大特点。设计将500m²的规模设定为一个单一大空间，这一方案的优势在于用较低的成本、当地熟悉的材料营造出一个简单的体量。村民可以通过家具布局的调整实现任何其所需要的功能模式，而设备和界面总是能够予以配合。通过降低空间的特殊个性而达到功能兼容，在保证集约的前提下仍具有很高的适应性。不过该设计并不完全等同于密斯所推崇的毫无引导的大空间试图承载一切功能，而是更符合赫兹伯格所提出的多价性空间：对于即将发生的功能作好准备，并且在空间的界面、设备、空间、家具等各个层面都作好了暗示，使用者可以在激发因素的引导下，自行组织空间的运作，是一种有准备的通用性设计（图7.3）。

（4）结构经济、材料环保

设计采用框架体系以保证建筑的跨度。由于规模较小，该方案尝试以胶合木作为主结构的材料，适应农村熟悉的建造方式，节能环

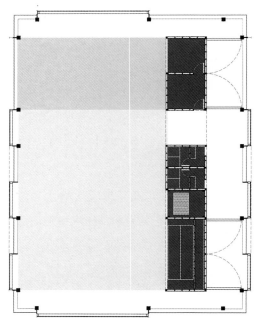

图7.3　方案S的平面：通用的空间与集成的设备

保。纵向上以6m的柱网模数控制界面的围合状态，没有大型活动时可以将通高推拉门完全打开作为开放的社区中心使用（图7.4）。

（5）集成设计

为了实现通用空间对各种功能的配合，方案S对设备设施做了高度的集成化设计，表现为空间内部四个预制的集装箱模块，符合运输尺寸且具有易于整体吊装、方便修缮管理的特性，包含卫生间模块、厨房拓展模块、设备模块和收纳模块

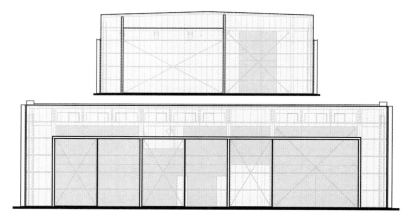

图7.4　方案S的立面图：开放的界面

（图7.5）。通过对标准集装箱这种可回收利用、工业化程度高的构件的借用，可以实现设备空间的全标准化设计，直接吊装配备至村级文化服务综合建筑中。通过统一的插口设计实现二者的功能衔接，提升基层建筑设施的技术水平，降低施工的难度，实现整体空间的集约化设计。

2. 方案M：乡级文化服务综合建筑

在前文基础上，乡级设计方案较村级规模更大，空间也更丰富，更加注重作为公共建筑的吸引力，通过置入一个折回坡道将屋顶空间释放给村镇，拓展了功能的可能性，使其不仅成为一个文化设施，也成为一个重要的社区中心（图7.6）。

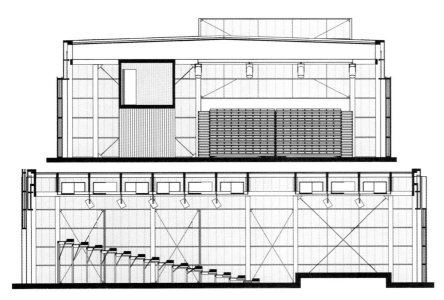

图7.5 方案S的剖面图

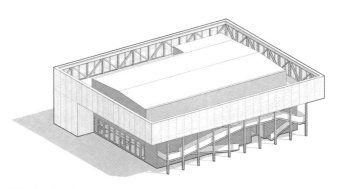

图7.6 方案M

（1）土地利用

方案M为800m²的一层建筑，中心集会空间根据需要抬高，周边的办公、走廊则适当压低，二者结合，使建筑释放出一部分空间用作屋顶廊道，增加建筑公共属性的同时，节省建筑实体占据的土地面积，实现土地的集约化利用。

（2）功能复合

该方案容纳了演出、会议、宴会、阅览、展览、集市和体育运动七种功能。行政乡的人口规模较村更大，公共建筑的服务人数也会相应增加，扩大建筑规模的同时，也提供了两种功能同时存在的可能性。

（3）空间紧凑

与方案S不同，该方案核心空间规模更大，因此具有划分的条件，通过垂直构件的灵活移动，可承载大规模庆典活动，平时可以常设阅览、展览等日常功能（图7.7）。

该方案的特点是核心空间的可变性。通过对各功能属性的研究，将该空间合理分配为两部分，为村民创造出了三个规模不同的空间选择，在活动的承接上具有了更多的选择灵活性。

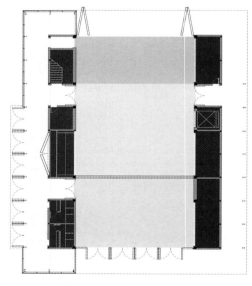

图7.7 方案M的平面图

（4）结构经济、材料环保

该方案仍然采用经济合理的框架体系，是大跨桁架和一般框架的结合体。考虑到规模增大对应的跨度增大，将木结构换成了钢结构，更利于工业化生产，其可回收利用的特性是集约性设计中长远利益的选择。

在主空间内，为了提升空间对设备的整合程度，选择空腹桁架梁，便于管线的穿过和功能设备的收纳。

而两侧的设备空间严格控制在3m的模数内，同样是出于工业化的考虑；屋顶的廊子空间由于向外悬挑3m，因此采用了增加斜撑的框架结构直接作为立面的围合构件（图7.8）。

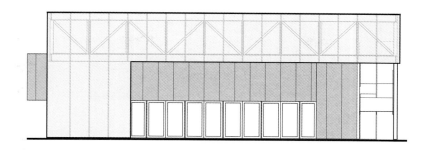

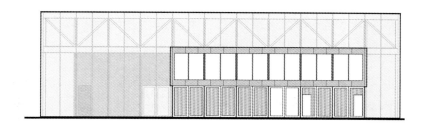

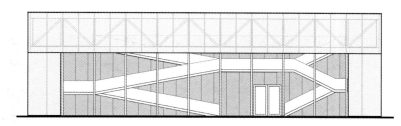

图7.8 方案M的立面图

（5）集成设计

由于服务人数的增多，设备和收纳空间的配备也相应增加，分列建筑空间两侧，同样包含卫生间、厨房模块以及音响设备、推拉座椅收纳模块。屋顶的桁架结构与可升降的灯光吊架整合，提升空间的利用率（图7.9）。

3. 方案L：镇级综合文化服务建筑

（1）土地利用

方案L的特点是规模的扩大，虽然占用土地的面积增大了，但是将建筑控制在了一个整体的方盒子形态中，尽可能地减少了对土地的占用，与方案M类似，通过大小空间的高差在屋顶留出了活动场地，一定程度上提升了建筑的使用效率（图7.10）。

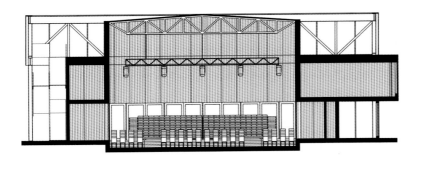

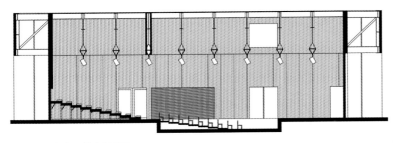

图7.9　方案M的剖面图

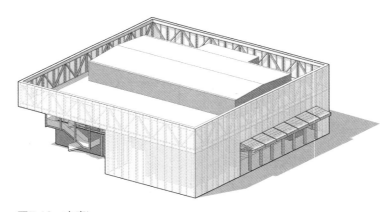

图7.10　方案L

（2）功能复合

镇级规模综合文化服务建筑与村级、乡级的设计思路都不相同。受到服务人数上升、群众文化水平相对提升、功能要求更高的影响，该方案从一开始就更加强调功能的专业性，比如演出、会议等空间的品质要比S方案、M方案更高，应当保有一个不被影响的专属空间。

（3）空间紧凑

单一空间的分时利用显然已经不满足该规模建筑的使用要求了，同时存在可供使用的功能应该达到两种甚至三种，因此该空间设置了三个不同规模、可以独立使用的功能空间，通过垂直分隔构件的移动以及中心廊空间的借用，实现功能的两两组合及整体合并。从规模、类型和品质上保证了该建筑的适应性（图7.11）。

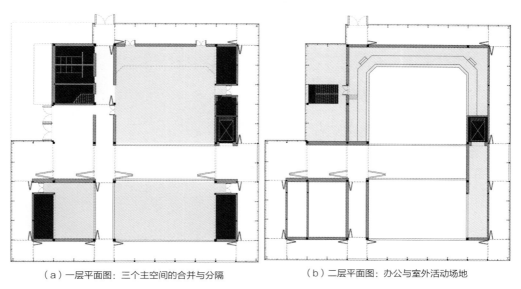

（a）一层平面图：三个主空间的合并与分隔　　　　（b）二层平面图：办公与室外活动场地

图7.11　方案L平面图

（4）结构经济、材料环保

方案L同样采用钢桁架与一般钢框架结构复合的体系，拓展局部2层，配备了一定的办公空间以及演出空间的2层楼座，保证了建筑功能的完整性。立面上辅以廉价的阳光板或者是当地惯用的材料模块，将成本尽可能地降低（图7.12）。

（5）集成设计

与前两个方案相同，方案L每个功能空间都配备了相应的设备设施，以模块化的方式进行处理，方便施工、维修和管理，根据不同的使用模式提供相应的配套服务，具有很高的应变性（图7.13）。

该方案与方案S、方案M不同的是，在功能空间之外着重了对交通空间的设计，通过对交通空间的多重定义，为空间带来了一定的灵活性，大大提升了空间的利用率。在一个单体建筑内实现多种不同的功能，用最小的变化带来最大的收益。

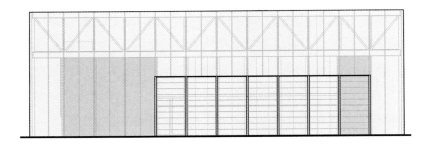

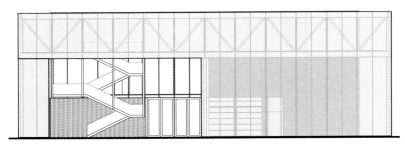

图7.12 方案L的立面图

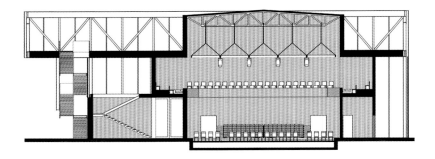

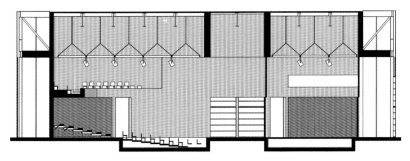

图7.13 方案L的剖面图

7.2 设计研究：群体建筑组合的小型文化服务综合建筑平面布局

7.2.1 设计目标

本研究从建筑平面构成设计入手，将小型文化服务综合建筑按照前文拆分成核心功能空间及辅助功能空间，以求应对具体建设背景和实际情况，将经济成本、建设难度、使用方式、服务对象等列入考虑范围内。

7.2.2 核心空间与辅助空间

农村用地状况千差万别，以一个相对分散的建筑平面布局来适应不同场地。按照现场调研成果，核心空间和辅助空间在已建成的文化礼堂项目中，往往是分开为多个建筑单体来建设。换言之，多功能小型文化服务设施可以理解为一个建筑群，具有模块化特征，应当针对不同模块分别提出设计方案，模块之间并无本质关联性。

建筑学中所定义的服务空间、被服务空间，在本研究中可称为辅助空间、核心空间。核心空间指的是一个相对高大、完整，用于承载多功能小型文化服务设施主要使用功能（观演、展览、会议、阅览、民俗）的主空间。辅助空间指的是为核心空间作配套的辅助设施，包括卫生间、厨房、后台、库房、设备用房等（图7.14）。根据我们调查，厨房及卫生间模块已有团队在研发，其成果可直接被本研究使用。

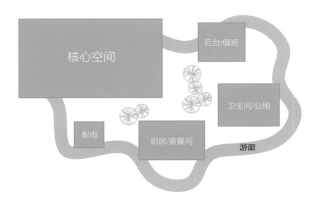

图7.14 理想模式下的模块化总图方案

7.2.3 核心功能空间

核心空间作为研究重点，涉及的问题层面较多。在第4章中已对建筑空间划分问题作过一定理论研究。随着落地实施项目的逐渐明朗，建筑空间问题已有较为准确的答案。

在对集约化与适应性建筑理论与策略研究的基础上，借助工业化手段将标准化设计、工厂化预制、装配式施工引入整体设计思路中，提出一系列可供选择的核心功能空间作为示范，各地各村可以根据自身情况选择合适的规模和形式。这对全国范围内的推广较为有利，可在保证建设量的前提下，保证建筑的品质（图7.15）。

图7.15 建筑师介入的推广示范性

7.2.4 建筑模数及平面研究

除空间形式外，建筑结构形式比较容易确定，常采用钢结构桁架或网架。依据建筑模数，本研究将适合乡村的柱跨模数列举如下（表7.1）。

适合乡村的柱跨模数			表7.1
基本柱跨尺寸（mm）	进深单元（个）	面宽单元（个）	占地预估面积（m²）
7500	3	2	338
	4	3	675
8400	3	2	423
	4	2	564
	4	3	847

续表

基本柱跨尺寸（mm）	进深单元（个）	面宽单元（个）	占地预估面积（m²）
9000	2	2	324
	3	2	486
	3	3	729
	4	3	972

　　本书所研究的核心空间平面总尺寸选取为30m×22.5m，净高在8m左右，这个尺寸比较接近调研数据，也比较符合落地实施方案的建设情况（图7.16、图7.17）。

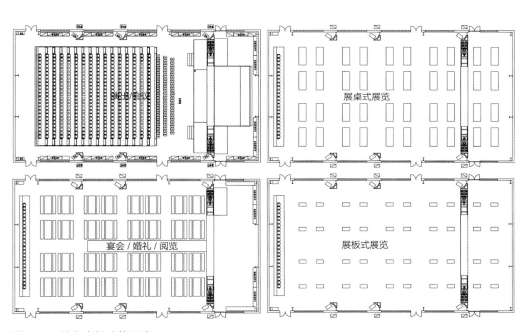

图7.16　核心空间功能示意

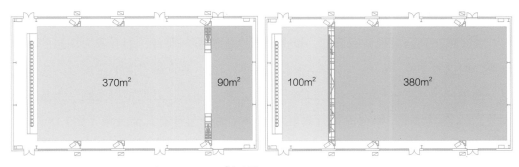

图7.17　核心空间划分示意（以面积480m²为例）

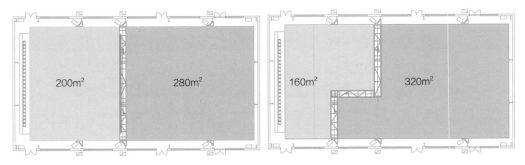

图7.17　核心空间划分示意（以面积480m²为例）（续）

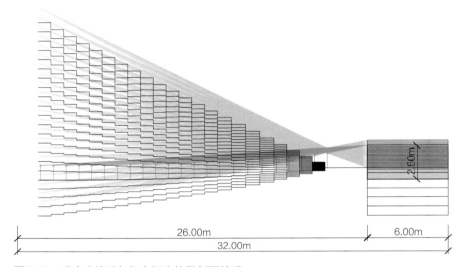

图7.18　观众席抬升与舞台标高的纵剖面关系

除建筑结构形式易于确定外，建筑设备（空调、电气）、舞台机械声光电、照明、家具、装修等问题较为零碎，不具有明确的逻辑关系，需要设计者根据经验归纳概括才能为之后研发所用。在此，我们选择了观众席升起、家具收纳转换两个关键问题，作为研究的切入点。

1. 观众席升起问题

观演建筑观众席通常有升起，以保证观众能够看到舞台，拥有较为理想的视觉效果，但这并非唯一的解决方案。从历史来说，在有观众席升起的剧场成为主流之前，剧场设计通常将舞台架高，以满足观演的视线要求。我们可以绘制一个基于视线关系的典型剖面，舞台的抬升高度和观众席的升起具有几何关系（图7.18）。对于一个固定设施的剧院，观众席升起和舞台架高，二者均有最佳设计数值；对于一个非固定、可切换的观演空间，最佳设计数值并不唯一。

多功能小型文化服务综合体的五种使用功能中，观演、会议功能需要观众席升起，而展览、阅览和民俗三种功能不需要。观众席是否有升起，是两种完全不可兼容的空间形式。在第3章中，设计概念方案主要讨论的是以推拉座椅的方式转换以上两种不同的空间。但是，转换并非该问题的唯一答案。通过观察基于视线关系的典型剖面，我们可以找到一个临界值，在这个临界值状态下，观众席部分不需要做升起即可满足观演需求，观演、会议功能的空间标高将与展览、阅览和宴会三种功能相同，五种功能的标高统一，彻底消除了两种空间转换问题。这个临界值规模可以通过将剖面关系量化的方式准确计算得出。举例来说，在观众席升起值$c=0.06$的条件下，舞台标高为2.6m（图7.18中绿色视线情况）。

2. 家具收纳转换问题

核心空间的使用无法回避家具的收纳转换问题。根据目前调研，文化礼堂在使用中需要较大的空间以储藏不同功能的家具，包括方桌、圆桌、各种类型座椅、展览架、展览柜等。由于需求空间较大，最常见的做法是在核心空间之外，加建一个专用的储藏间。不同功能场景切换需要非常多的人力搬运，费人、费力、费时，一定程度上妨碍了建筑空间的切换，妨碍了基层文化设施的高效使用。

如果将观演、会议、展览、阅览、民俗五种功能拆解重组，将展览需要的展架和桌椅家具系统进行集成，多功能小型文化服务综合体的家具本质可概况为四种桌椅模式：有桌有椅、有桌无椅、无桌有椅、无桌无椅。根据对家具市场的调查，紧凑型家装中的可变换式家具非常流行，我们有理由相信，可以研发一种全新的可变换桌椅单元，能够通过变换满足以上四种模式，从而应对多功能小型文化服务综合体的五种不同使用功能。通过这种可变换桌椅单元，核心空间将不需要考虑较大的家具收纳空间，使用者也能够通过非常简便、易用的方式切换场景。

外围护墙体内侧用于承载建筑采光、建筑通风、建筑采暖制冷、建筑保温、建筑吸声、建筑装修、模块储藏以及固定展览功能。这部分内容通用性较弱，需要针对不同的项目定制。

7.2.5 核心功能适应性模块设计研究

1. 研究范围的界定

根据以上研究，在更小规模的多功能小型文化服务综合体空间中，设计方案进一步深化，以适应性为主的可变功能模块来满足综合体中的设备要求。

（1）工业化的标准设计

我国地域辽阔，实施乡村振兴战略过程中对小型文化服务综合设施的需求量将持续扩大。建设前期如有建筑师和研究团队在对集约化与适应性建筑理论与策略研究的基础上，借助工业化手段，将标准化设计、工厂化预制、装配式施工引入整体设计思路中，将有利于减轻乡村的建设难度和施工压力，同时可以在设备配置等方面保证一定的技术水平，提高空间质量，节约人力物力成本。

（2）适应性模块内容

适应性模块用于承载主要功能及空间划分的设施。这包括舞台台面升起、空间界面围合、声光电解决、活动展墙、书架以及部分储藏功能。通过可变的布局构件集合模块单元来实现空间的划分和组合，通过通用化家具来实现不同功能。

2. 核心功能模块

核心功能空间主要容纳五大核心功能，最重要的设施之一为演出或会议功能所需的舞台。研究团队尝试定义并研发"核心功能模块"，即一种通过机械驱动的由水平和垂直构件组成的集合模块单元，以满足舞台表演功能，或通过不同构件移动或改变带来完全不同的内部空间。

（1）尺寸的确定

根据浙江省《农村文化礼堂建设标准》[1]中的农村文化礼堂建筑面积配置表，礼堂表演区使用面积控制要求为$\geq 50m^2$，$50 \sim 100m^2$为宜。传统戏曲及话剧演出对表演区的要求，观众厅容量在$500 \sim 800$人时，主舞台面宽$15 \sim 18m$，进深$9 \sim 12m$。综合考虑农村文化礼堂标准，小型文化服务综合设施中的表演区可适当减小。

为提高效率并降低成本，进行工厂预制生产，运输车辆货箱的横截面尺寸多为2.3米见方，而货箱长度较灵活（表7.2）。

常见货车参数 表7.2

载重（t）	尺寸（m）	体积（CBM）
2	4.2×1.7×1.7	12
2	4.35×2.0×2.0	17.4
3	5.2×2.1×2.1	22.9

---

1 《农村文化礼堂建设标准》，主编单位：浙江大学建筑设计研究院有限公司，执行日期：2017年10月1日。

续表

载重（t）	尺寸（m）	体积（CBM）
3.5	6.2×2.2×2.2	30
5	7.2×2.3×2.3	38
8	8.2×2.3×2.3	43
10	9.6×2.3×2.3	50

来源：常见货车尺寸及装货标准一览［EB/OL］.（2021-11-18）［2021-11-18］. https://www.youchejiuxing.com/truck/12983.html.

考虑到观演空间高度常在7～9m，以及货箱常用长度尺寸在7.2～9.6m，故模块收纳尺寸控制在2.3m×2.3m×3.6m。通过水平和垂直两个方向的构件移动，来满足表演区的正常使用（图7.19）。

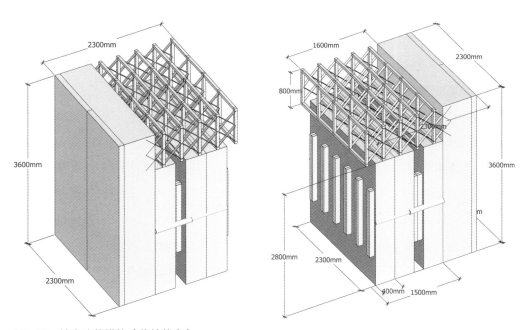

图7.19 核心功能模块（收纳状态）

（2）可变集成机械舞台

可通过舞台构件的移动对空间进行二次划分，改变空间的层次，调节空间的大小和封闭情况，形成舞台顶面及底面。

机械地面构件为收纳厚度0.6m的单元，上表面结构厚度约0.4m，边缘内集成演出灯具，多个单元翻折出去可形成进深8.4m的舞台表演区；底部附加液压杆，可调节底板上表面标高为1.0～1.5m（图7.20）。最终满足演出要求。

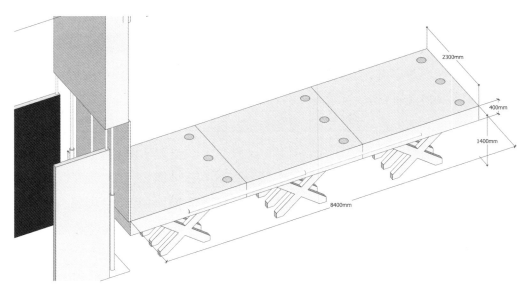

图7.20　核心功能模块：机械地面构件展开状态示意

　　设备集成顶棚构件为5排桁架，收纳后尺寸为0.8m高、2.3m宽、1.5m深，每排间距约为0.30m，以容纳演出灯具和音响设备，如面光灯、摇头光束灯及音箱。以液压杆或菱形压缩结构连接，可由电机牵引，将桁架悬挑出去。悬挑长度可达6～9m，具体尺寸由材料强度及总重量综合决定，需待机械专业进一步深化设计（图7.21）。

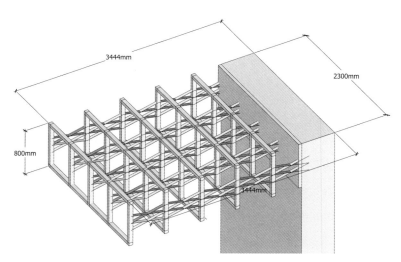

图7.21　核心功能模块：设备集成顶棚展开状态示意

背板构件由多级伸缩液压杆件及三层伸缩面板组成，可由最小高度3.6m调节至7.8m。第一层面板厚0.1m，保证舞台界面封闭。中部面板为主要承重结构，厚0.4m，可被液压杆顶起，并作为悬挑顶面的支撑。第三层面板厚0.1m，可旋转打开，保证整体构件的稳定（图7.22）。

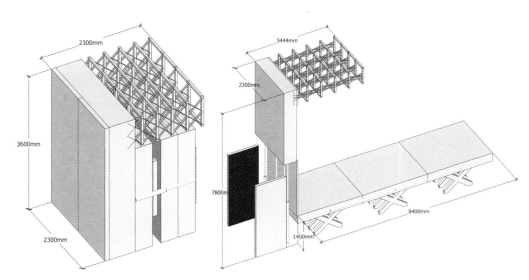

图7.22　核心功能模块：背板构件展开方式示意

背板、底面及顶面构件之间由卡件锁死，形成一个舞台整体单元。

由多个单元组合，则可形成不同面宽的舞台，以适应各种场地情况（图7.23）。

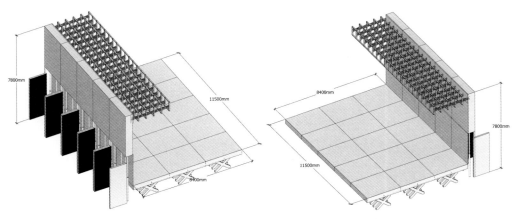

图7.23　核心功能模块：多个单元组合示意

7.2.6 可变垂直模块

垂直模块的灵活变化，主要是为了实现不同功能的同时使用，或者是通过互相借用提高空间的利用率。

垂直模块单元收纳尺寸为2.3m×2.3m×7.8m，四块墙体为一组。构件围护材料为软性吸声布帘，主体以液压杆或菱形压缩结构连接，可由电机牵引，形成不同角度和不同长度的墙体，灵活分割空间（图7.24、图7.25）。

图7.26以平面尺寸为22.5m×30m的核心空间为例，用不同功能模块状态来演示其对空间分割的示范。

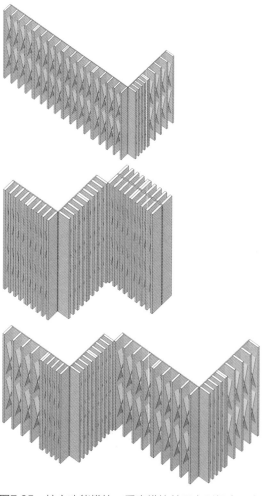

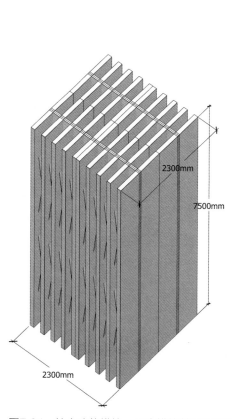

图7.24 核心功能模块：垂直模块单元收纳示意　　图7.25 核心功能模块：垂直模块单元变形组合示意

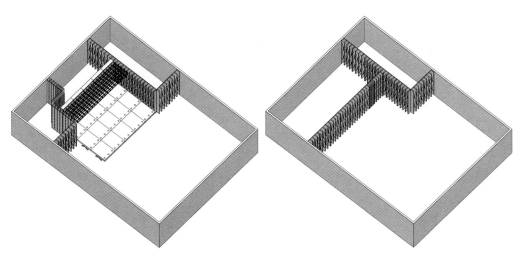

图7.26　核心功能模块分隔空间示意

7.2.7　通用化家具模块

通用化家具模块用于承载核心功能模块无法承担的辅助功能，以家具为核心，通过变换满足有桌有椅、有桌无椅、无桌有椅、无桌无椅四种桌椅模式。通过人工和机械的方式，实现既定功能之间的转换，如演出所需的观众座椅、阅览书桌椅和传统红白喜事中的圆桌椅。基于这几类家具的共性，同时考虑收纳要求，从而设计出通用性高的便携式家具，极大地利于单一空间不同功能间的转换，并减少人工、材料等成本，增加空间的集约性。

这部分工作目前正在与家具厂合作中。

7.2.8　辅助功能空间

辅助功能空间指的是为核心空间作配套的辅助设施，包括卫生间、厨房、后台、库房、设备用房等。根据我们调查，厨房及卫生间模块已有团队在研发，参考现有工业设计成果及行业标准，其成果可直接被本研究使用。

图7.27　模块化卫生间

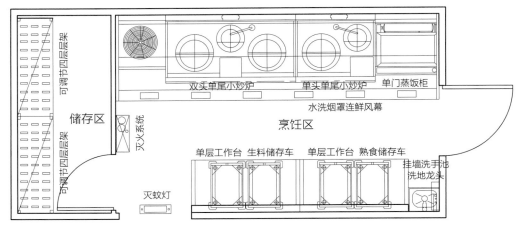

图7.28 模块化烹饪、存储厢体

7.3 实践方案

7.3.1 杭州市富阳区胥口镇葛溪村文化礼堂改造项目

1. 项目概况

葛溪村文化礼堂是杭州市富阳胥口镇内规模最大的一座文化礼堂，位于镇中心位置（图7.29、图7.30）。文化礼堂配备独立厨房、卫生间和仓储用房。主体建筑平面呈矩形，尺寸为40.74m×20.24m（净尺寸39.74m×19.24m）（图7.31）。

本次改造设计意在提升建筑功能服务能力，将葛溪村文化礼堂打造为供全镇使用的文化服务设施（图7.32~图7.35）。

图7.29 位置：葛溪村文化礼堂位于杭州市西南

图7.30 文化礼堂及周边情况现状图

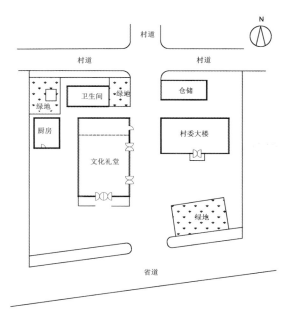

图7.31 实施项目现场总图测绘示意图

图7.32 葛溪村文化礼堂现状南及东立面

图7.33 葛溪村文化礼堂西北方厨房及北侧卫生间

图7.34 葛溪村文化礼堂东北方仓储间及东侧村委楼

图7.35 葛溪村文化礼堂现状内景

文化礼堂南侧道路为省道。葛溪村村委楼面积较大，村书记说可加建一个通道连接礼堂与村委楼，将演出化妆间设置在村委楼一层（村里上省道东边150m处还有一个入口）。

舞台框及两侧辅助用房可以拆除。屋面为钢梁，油漆地面，墙面为穿孔木板材料。

2. 改造策略

（1）功能设定

根据在农村开展的实地调研以及对现有建成文化礼堂案例的研究，将基层的文化服务功能需求总结为演出、会议、宴会、阅览、展览及文体活动六种主要功能。

根据葛溪村实际调研得知，文化礼堂被村民用于办婚礼的次数较多。此外，浙江省要求农村有网络直播间。礼堂可利用隔间做单人直播，也可以利用舞台做较大规模直播。所以除前文提及的六大功能之外，文化礼堂还可适当考虑容纳上述功能，增加建筑空间使用活力（图7.36~图7.49）。

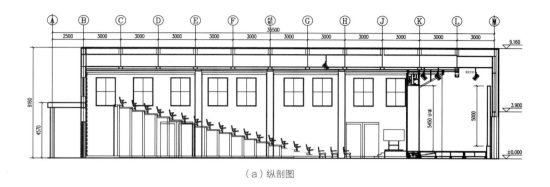

（a）纵剖图

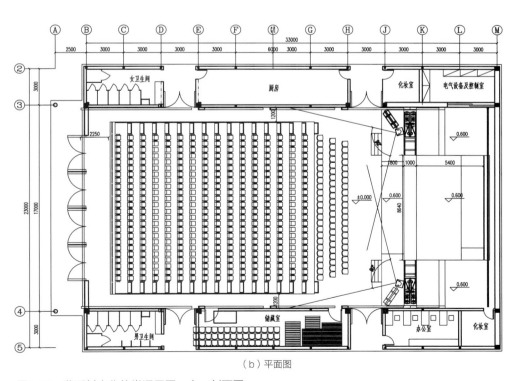

（b）平面图

图7.36　葛溪村文化礼堂通用平、立、剖面图

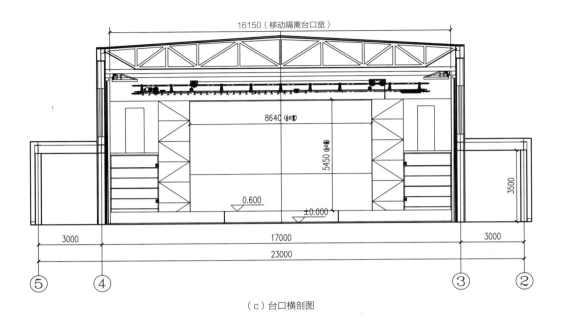

（c）台口横剖图

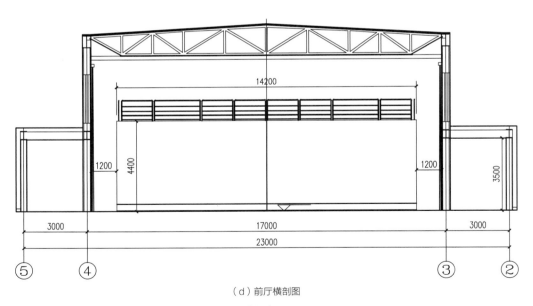

（d）前厅横剖图

图7.36　葛溪村文化礼堂通用平、立、剖面图（续）

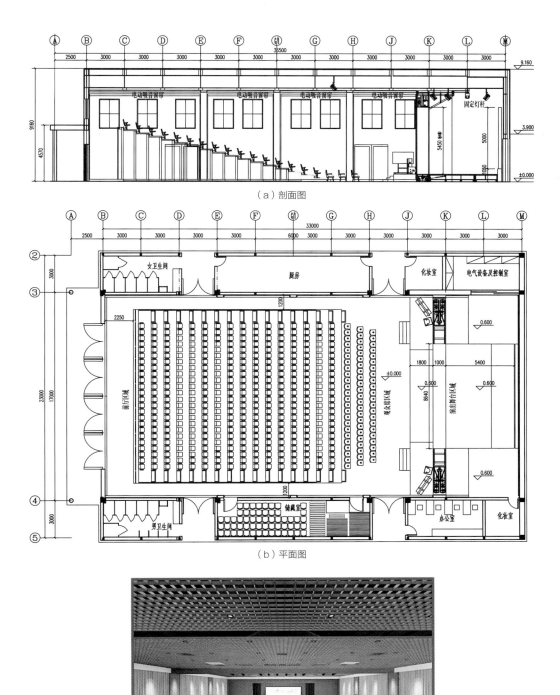

（a）剖面图

（b）平面图

（c）效果图

图7.37　演出模式

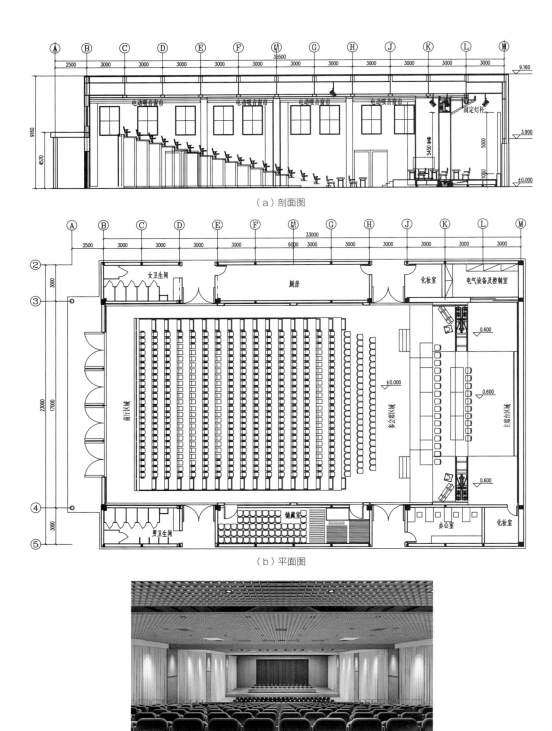

（a）剖面图

（b）平面图

（c）效果图

图7.38　会议模式

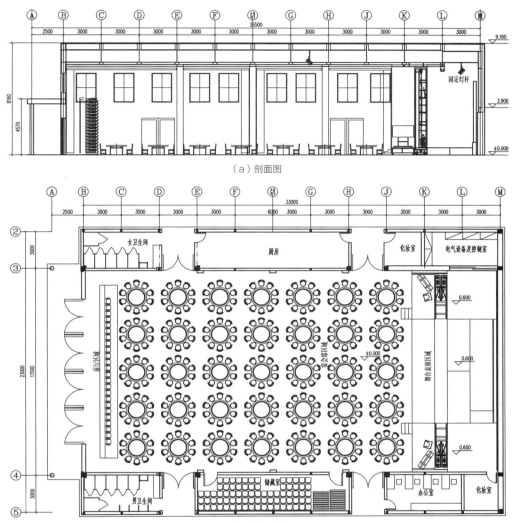

（a）剖面图

（b）平面图

（c）效果图

图7.39 宴会模式

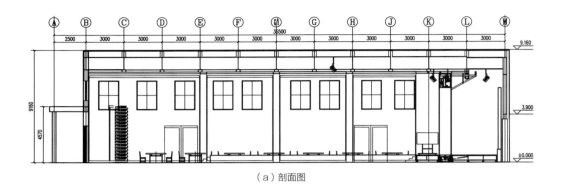

（a）剖面图

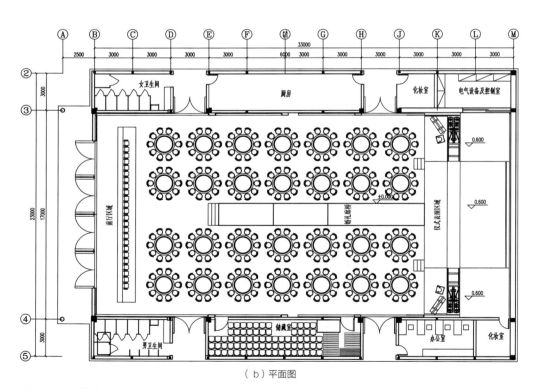

（b）平面图

图7.40　婚礼模式

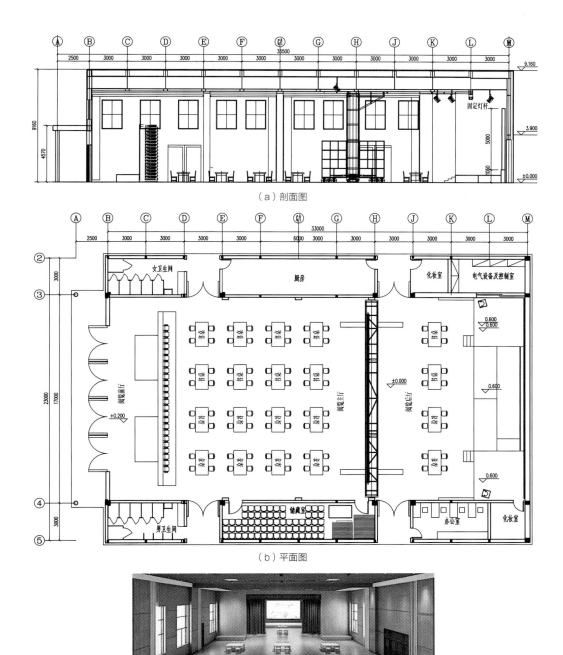

（a）剖面图

（b）平面图

（c）效果图

图7.41　阅览模式

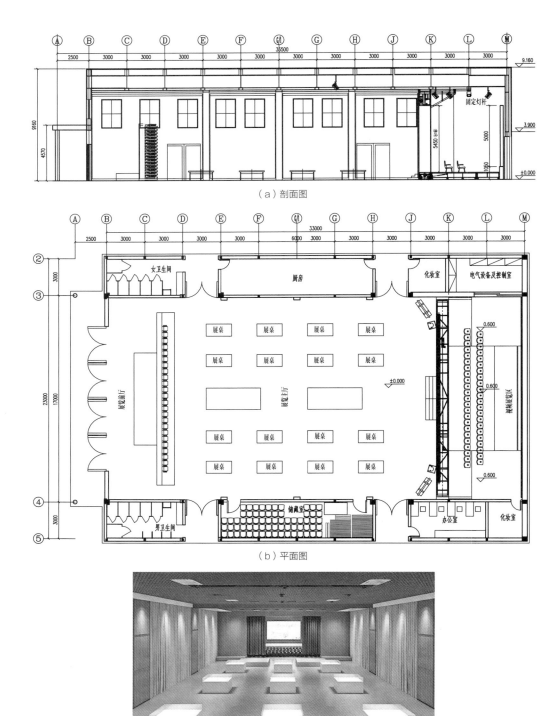

（a）剖面图

（b）平面图

（c）效果图

图7.42　展览模式

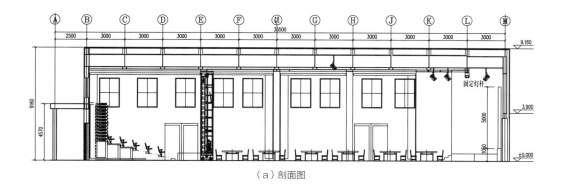

（a）剖面图

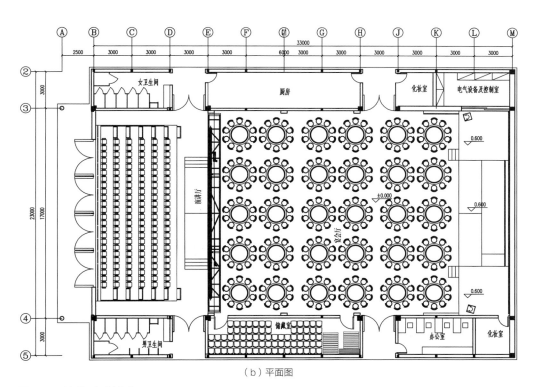

（b）平面图

图7.43　演讲/宴会模式

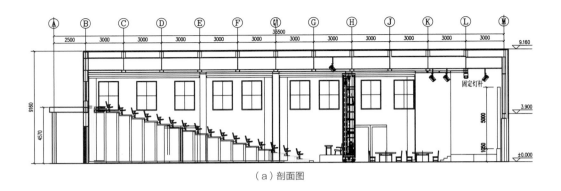

（a）剖面图

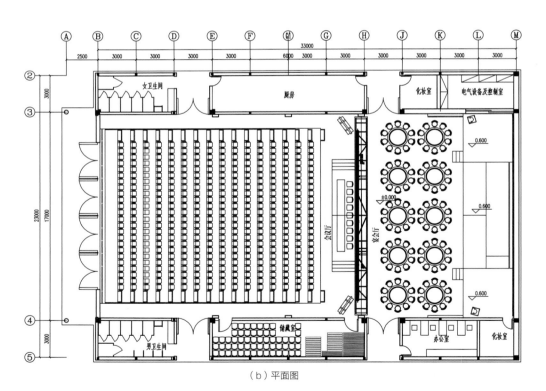

（b）平面图

图7.44 会议/宴会模式

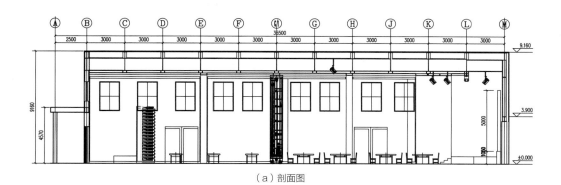

（a）剖面图

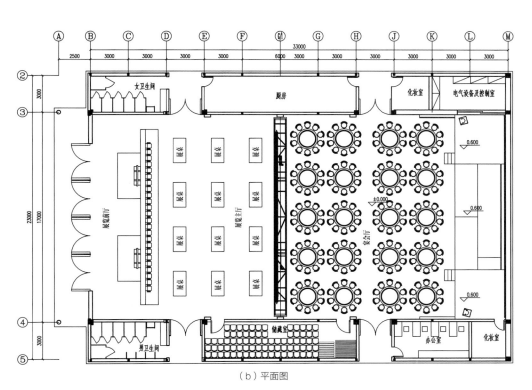

（b）平面图

图7.45　展览/宴会模式

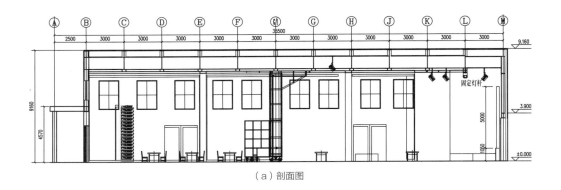

（a）剖面图

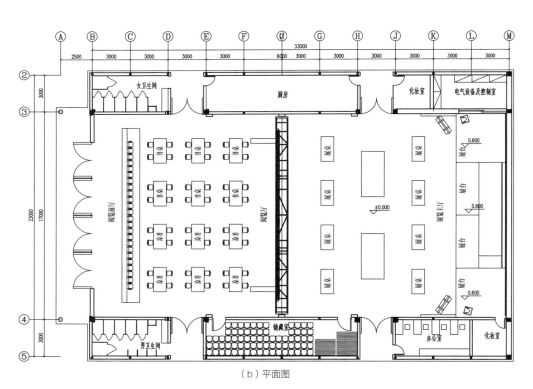

（b）平面图

图7.46 阅览/展览模式

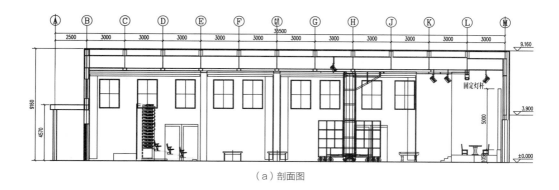

（a）剖面图

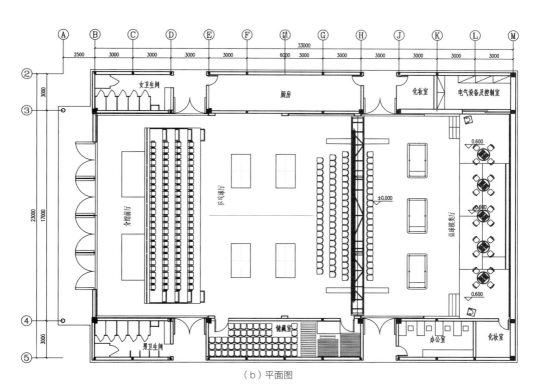

（b）平面图

图7.47　体育活动模式

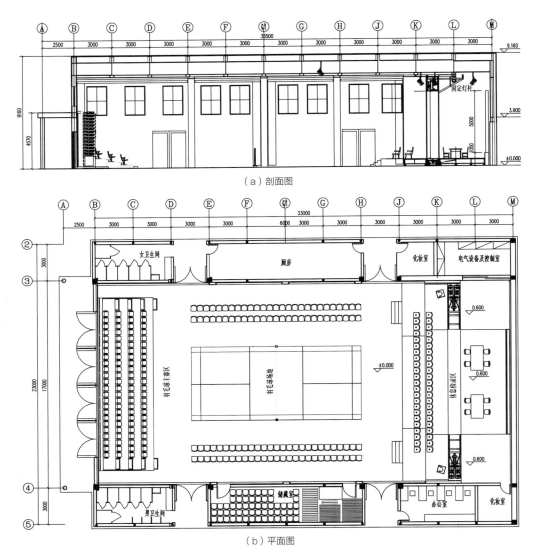

（a）剖面图

（b）平面图

图7.48 体育比赛模式

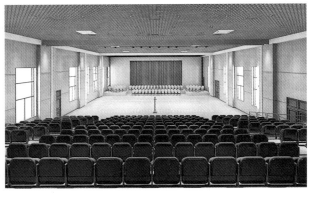

图7.49 文体模式效果图

（2）不同使用模式间的切换方式

1）宴会会议模式切换到分区阅览模式（图7.50）

①木板隔离墙消失；

②宴会会议模式椅子消失；

③宴会会议模式桌子消失；

④移动站台消失；

⑤幕布隔离墙移动到分区阅览模式位置；

⑥站台变换为分区阅览模式；

⑦宴会会议模式主席台桌椅消失；

⑧宴会会议模式听众席消失；

⑨分区阅览模式桌子出现；

⑩分区阅览模式椅子出现；

⑪窗帘、幕布变为分区阅览模式。

2）分区阅览模式切换到会议模式（图7.51）

①幕布隔离墙幕布变为打开状态；

②分区阅览模式桌子消失；

③分区阅览模式椅子消失；

④移动站台消失；

⑤幕布隔离墙移动到会议模式位置；

⑥站台变换为会议模式站台；

⑦会议模式主席台桌椅出现；

⑧会议模式听众席出现；

⑨窗帘、幕布变为会议模式。

3）会议模式切换到婚礼模式（图7.52）

①幕布隔离墙幕布变为婚礼模式；

②会议模式主席台桌椅消失；

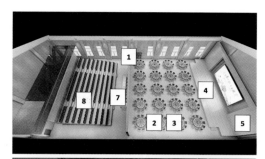

图7.50 宴会会议模式切换分区阅览模式

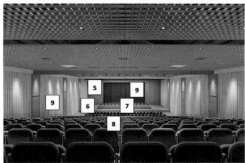

图7.51 分区阅览模式切换会议模式

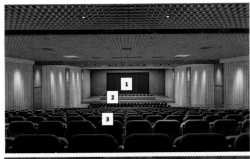

图7.52 会议模式切换婚礼模式

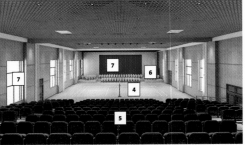

图7.53 婚礼模式切换羽毛球比赛模式

③会议模式听众席消失;

④站台变换为婚礼模式站台;

⑤婚礼模式桌子出现;

⑥婚礼模式椅子出现。

4)婚礼模式切换到羽毛球比赛模式(图7.53)

①婚礼模式椅子消失;

②婚礼模式桌子消失;

③站台变换为羽毛球比赛模式站台;

④羽毛球场地出现;

⑤阶梯观众席出现;

⑥站台观众席出现;

⑦窗帘、幕布变为羽毛球比赛模式。

5)羽毛球比赛模式切换到展览模式(图7.54)

①幕布隔离墙幕布打开;

图7.54 羽毛球比赛模式切换展览模式

②站台观众席消失；

③羽毛球场地消失；

④阶梯观众席消失；

⑤移动站台消失；

⑥幕布隔离墙移动到展览模式；

⑦站台变为展览模式；

⑧展览模式坐席出现；

⑨展览柜出现；

⑩窗帘、幕布变为展览模式。

6）展览模式切换到演出模式（图7.55）

①幕布隔离墙幕布打开；

②展览模式坐席消失；

③展览柜消失；

④移动站台消失；

⑤幕布隔离墙移动到演出模式；

⑥站台变为演出模式；

⑦观众席出现；

⑧窗帘、幕布变为演出模式。

7）演出模式切换到餐饮会议模式（图7.56）

①观众席变为餐饮会议模式；

②主席台桌椅出现；

③木板隔离墙出现；

④移动站台消失；

⑤幕布隔离墙移动到餐饮会议模式；

⑥站台变为餐饮会议模式；

⑦餐饮会议模式桌子出现；

⑧餐饮会议模式椅子出现；

⑨窗帘、幕布变为餐饮会议模式。

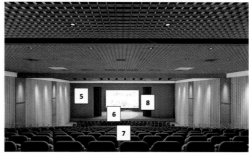

图7.55 展览模式切换演出模式

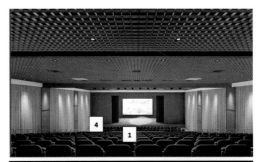

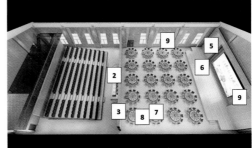

图7.56 演出模式切换餐饮会议模式

171

（3）空间变换机械系统

空间变换机械系统主要由伸缩座椅看台系统、组合舞台系统、大幕机系统及窗帘系统构成。其中，伸缩座椅看台系统由伸缩看台、固定可翻转座椅及活动座椅组成，伸缩看台由两部分组成，可同时伸缩，可单独伸缩，也可按需伸出台阶使用，实现看台坐席和踏步台阶的多用途使用；组合舞台系统由4套拼台、2套翻转舞台及固定舞台组成，拼台采用万向滚轮支撑结构，实现对各个拼台在空载或负载状态下轻松灵活地搬运，完成礼堂各种功能模式下舞台、展台或边餐桌的拼装形态；大幕机系统由水平开闭的1套大幕机和2块幕布组成，通过大幕机的开合实现空间隔离变换；窗帘系统是由10套电动卷幕和4套电动窗帘构成，通过电气控制实现窗帘系统编组运行，适应不同模式下的光照亮度变化。

（4）灯光音响视频系统

灯光音响视频系统主要由灯光系统、音响系统和LED视频系统构成。为了满足各种模式的灯光需求，灯光系统配置40台LED染色灯、12台LED平板柔光灯及2台追光灯，并配备与之配套的调光控制设备和相应的灯光回路；音响系统主要配置4只主扩声扬声器、2只超低频扬声器、2只返送扬声器和4套无线话筒，并配备与之配套的调音台及周边设备；视频系统配置1块36m²的LED背景大屏及屏体结构、1套控制发送及接收系统、1台系统操作电脑、1台LED视频图像处理器和相应的电缆和辅材。

3. 结构设计

本项目为改造项目，由于现实条件有限，时间紧迫，故遵循现状结构体系，内部由机械来实现不同功能间的转变，结构荷载满足使用功能要求。

葛溪村文化礼堂改造后为一个主空间附加若干辅助空间的综合体，和第6章主空间配套副空间的理论不谋而合，说明理论研究符合实际需求。改造方案仅利用移动隔墙快速转变并分隔不同使用场景，暂时满足葛溪村文化礼堂的功能升级。但移动隔墙集成隔声、灯光等技术问题，需要在实践中通过各专业的进一步配合予以实现。

7.3.2　杭州市临安区板桥镇上田村文化礼堂项目

1. 项目概况

作为国家重点研发计划项目示范点的上田村文化礼堂属多功能小型文化服务

图7.57 位置：上田村综合体位于杭州市西南　　图7.58 文化礼堂及周边情况现状图

综合体，是杭州市临安区上田村文化建设的重要组成部分。上田村位于杭州临安板桥镇，近年来它以"茶香竹海、文武上田"为新农村建设主题，其乡村经济和旅游业得到长足发展，且在文化振兴方面的建设也尤为突出（图7.57、图7.58）。为满足群众多样化精神和文化方面的需求，项目组与上田村在优势互补、合作共赢的原则下，确定将上田文化礼堂建设升级为国家重点研发计划项目示范点，通过研发的可变空间与多功能等关键技术和设备，构建满足村级基层文化服务的综合载体。

上田综合体具有徽派建筑风格，南邻石横线大街，东邻上田文化广场，综合体室内建筑面积约650m²，长36m，宽18m，室内净高约7m，其外围四周配置有走廊，在走廊上设有4个综合体的出入口（图7.59）。

2. 综合体设备介绍

上田综合体配置的空间设备包含空间转换及空间运动效果机械设备、空间灯光效果专业设备、空间声音效果专业设备、空间视频效果专业设备，以及上述专业设备对应的控制系统。同时，综合体中还包括文化服务保障设备设施和管理信息服务云平台系统。

3. 综合体的服务模式

上田综合体文化服务模式主要包括演出模式、会议模式、阅览模式、展览模式、体育活动模式等。

（1）演出模式

上田综合体可满足歌舞、戏曲、杂技、小音乐会等演出的服务要求。在演出模式下，活动看台展开形成阶梯型观众席，共计有392席，观众区前排也可增设若干临时坐席（图7.60）。

（a）南立面

（b）东立面

图7.59　上田村文化礼堂现状南及东立面

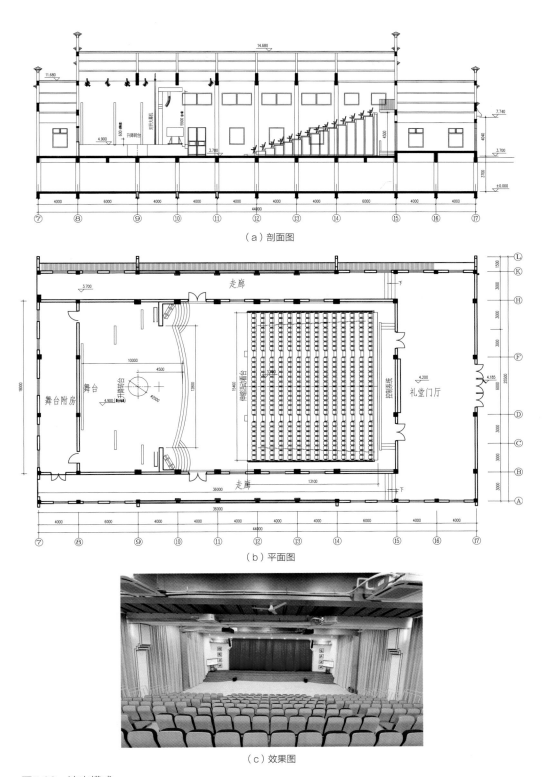

（a）剖面图

（b）平面图

（c）效果图

图7.60　演出模式

使用方式说明：

①伸缩看台展开，形成阶梯型坐席，共计392席；

②位于舞台台口外的2台视频显示器可以对演出节目进行预告宣传；

③升降旋转台可根据演出进行相应的升降位置调整和台面旋转；

④侧LED屏根据演出需要可在左右方向上适当位置调整；

⑤5大幕机和自动遮光帘机可根据演出需要进行关闭或打开；

⑥灯光音响设备可根据演出需要进行效果调节。

（2）会议模式

上田综合体可满足政策宣讲、技能培训和选举表决等会议形式的服务要求。在会议模式下，活动看台仍展开形成阶梯型席位，观众区前排设置贵宾坐席，舞台区设置主席团坐席（图7.61）。

使用方式说明：

①伸缩看台展开，形成阶梯型坐席，共计392席，观众区前排设置14个贵宾坐席，舞台区设置10个主席团坐席；

②位于舞台台口外的2台视频显示器可以对会议的主要内容进行介绍；

③舞台区域的升降旋转台降至舞台面位置；

④侧LED屏调整至适当位置，与舞台固定LED屏一起作为会议背景的图案显示；

⑤大幕机、自动遮光帘机处于打开位置；

⑥灯光音响设备调整至会议模式效果。

（3）阅览模式

上田综合体能满足书籍借阅、自习、报刊阅览和电子阅览等服务要求。在阅览模式下，活动看台折叠收藏，观众厅腾出区域摆放阅读桌椅，并配置有移动式书架（图7.62）。

使用方式说明：

①伸缩看台折叠收藏，观众厅腾出区域摆放阅读桌椅共18张36席；

②位于舞台台口外的2台视频显示器可以对新书进行推介宣传；

③舞台区域的升降旋转台升至最高位作为优秀书籍推荐阅读台；

④侧LED屏调整至适当位置，与固定LED屏一起作为氛围图案的显示；

⑤大幕机和自动遮光帘机处于打开位置；

⑥灯光设备调整至阅览模式的照明效果。

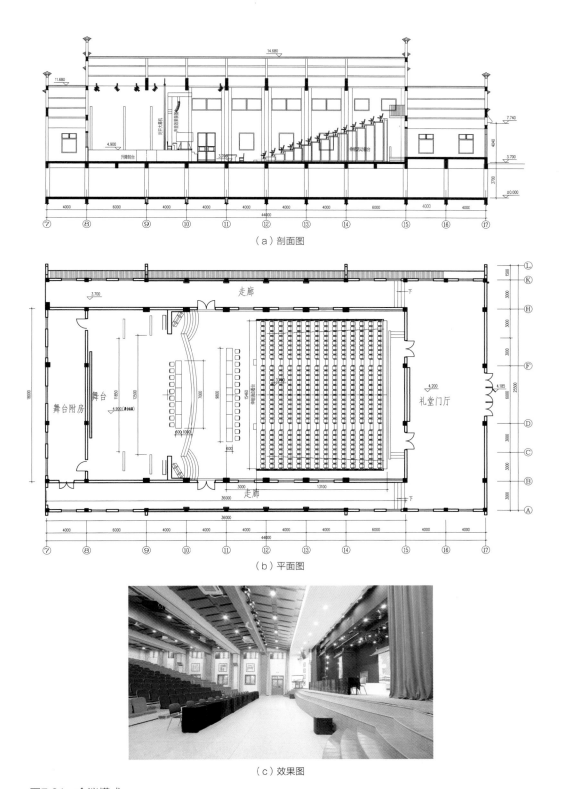

（a）剖面图

（b）平面图

（c）效果图

图7.61　会议模式

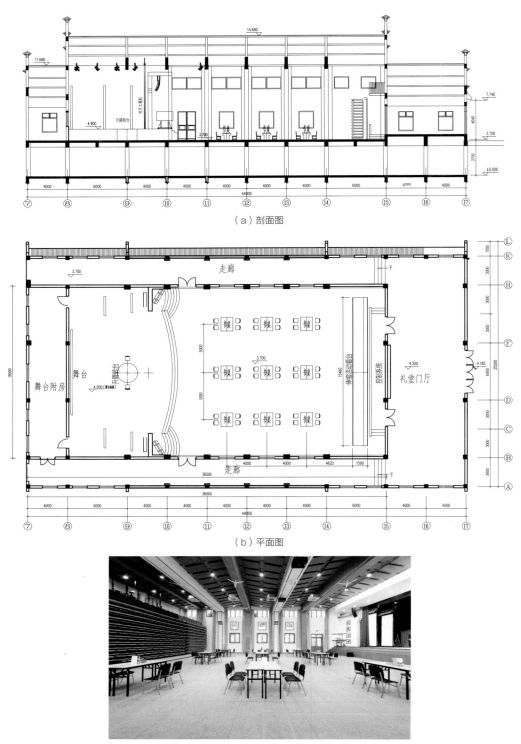

（a）剖面图

（b）平面图

（c）效果图

图7.62　阅览模式

（4）展览模式

上田综合体可满足科普、非遗、书画、手工制作等展览的服务要求。在展览模式下，活动看台折叠收藏，腾出区域摆放展览桌台；舞台作为视频展览介绍区域（图7.63）。

使用方式说明：

①伸缩看台折叠收藏，观众厅区域摆放4张展柜；

②位于舞台台口外的2台视频显示器可以对展览内容及背景进行宣传介绍；

③舞台区域的升降旋转台降至舞台面位置；

④利用固定LED屏作为视频展览介绍区域的显示设备，该区域设置坐席28座，坐席数可根据实际情况进行调整；

⑤大幕机在视频演示前可打开，待观众就位后关闭大幕，自动遮光帘机打开；

⑥灯光音响设备调整至展览效果模式。

（5）体育活动模式

活动看台部分展开形成场地一侧的观众席168座，另一侧的观众席在舞台上共54席，并在观众厅设置裁判区和摄像区（图7.64）。

使用方式说明：

①伸缩看台部分展开形成赛场一侧的观众席140座，另一侧的观众席在舞台上，共28席，同时在观众厅设置4席有裁判区和摄像区；

②位于舞台台口外的2台视频显示器可以对赛事进行宣传介绍；

③舞台区域的升降旋转台降至舞台面位置，并在舞台侧的观众席后侧设置运动员休息检录区；

④利用舞台固定LED屏作为赛事比分的显示设备；

⑤大幕机和自动遮光帘机处于打开状态；

⑥灯光设备调整至体育活动模式的照明效果。

上田综合体不同文化服务模式之间的转换时间小于4小时，满足实际情况的使用需求。服务模式的转换严格按照作业流程进行，保证设备运行以及操作和服务人员的安全。

4. 综合体的运营示范

上田综合体于2021年12月10日升级构建完成并进入运营服务阶段，到目前为止，已举行各类演出56场、各类会议12场、书画等各类展览5场。

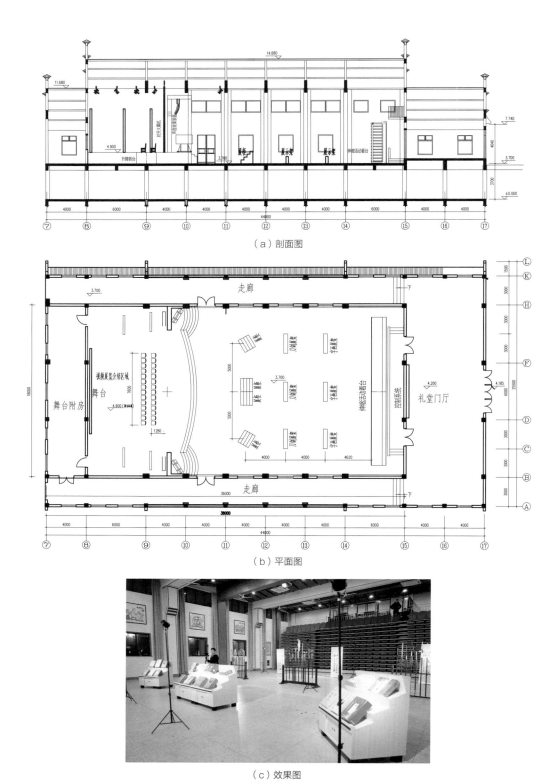

（a）剖面图

（b）平面图

（c）效果图

图7.63　展览模式

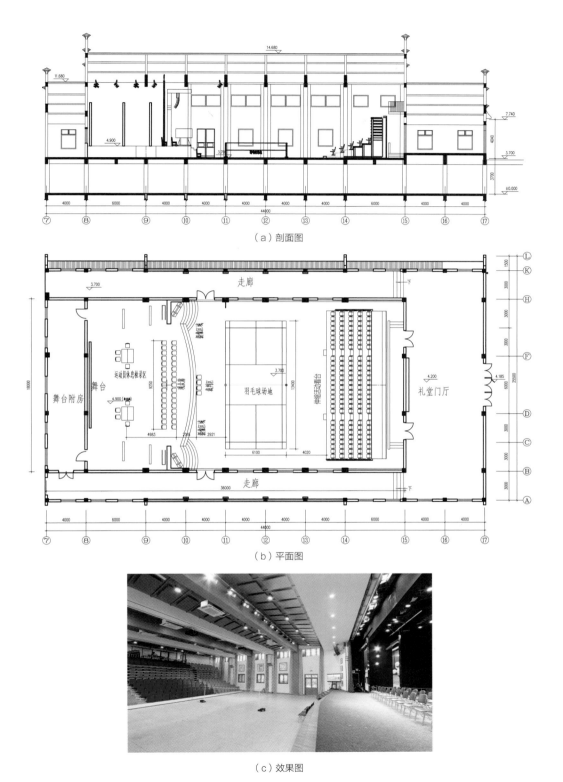

（a）剖面图

（b）平面图

（c）效果图

图7.64　体育活动模式

　　基于多功能小型文化服务综合体设计理论和解决方案、应用空间转换和空间功能两大支撑技术的研究成果，集成构建而成的上田综合体，在保障展览、演出、会议、阅览、体育活动等文化服务安全作业的前提下，进行了有效的运营服务和管理方面的应用示范，为上田村提供了集约综合型的文化服务载体和运营管理平台，促进了新农村精神文明的建设，巩固了基层文化阵地，大幅提升了基层文化服务的水平，也同时促进了当地经济和旅游业的发展，为我国基层文化阵地建设和乡村文化振兴提供有力的实践模式。

CHAPTER

8

结语

　　乡村振兴已经成为中国发展的重要战略，文化振兴、推进农村基层综合性文化服务中心建设、完善农村基本公共服务标准是实现乡村振兴乃至中华民族伟大复兴的关键环节。

　　如何重新构建乡镇的文化空间是一项具有重大意义的课题。我国现代历史的巨变，导致了传统乡村的文化空间的衰落甚至消失。历史上基于宗族礼制和宗教信仰而产生的乡村文化设施，诸如祠堂、寺庙、戏台、广场等，构建了当时的基于血缘和信仰的乡村文化设施，形成了乡村的公共建筑和文化核心空间。历史变迁已经导致的乡村文化根基——血缘、信仰的丧失，如何重新形成新时代的文化根基，需要有新的认知和培植——这显然不是本书能解决的问题。

　　如何构建当代乡村的文化设施？逻辑上的路线应该是首先解决文化层面的问题，然后解决技术层面的问题。鉴于文化问题的复杂性且超出本书的能力范围，因此，本书采取了实证主义的态度，回避了文化问题的研究，而是将现实乡村的文化需求、文化活动类型作为观察点，加以调研并分析、总结，将其转化成为对乡村文化设施的功能需求。同时满足群众对乡村普遍存在的各类民俗活动、文体活动的需求，以及政府对乡村文化建设、服务、管理的需求。

　　现阶段基层文化需求多种多样，包括村镇会议、群众文艺表演、婚丧嫁娶等民俗活动、阅览及体育活动，甚至乡村的文化、政策宣传活动，等等。这些活动的根基，已经不能够用传统乡村的血缘和宗教概念加以框定，必须赋予现实的概念和需求。

　　实践层面，近现代针对构建新的乡村文化设施的尝试，已经有较长的历史。现代礼堂的传播，可以认为是其一。作为一种自西方在中国传教而兴起的礼拜功能建筑，礼拜堂，简称礼堂，在实际的使用和扩散的过程中，宗教意味逐渐消失，转化成为一类以集会、会议、演出等功能为主的建筑类型，获得了广泛的接纳。从清末民国时期开始，很多学校都兴建礼堂，延安时期也兴建了很多礼堂。礼堂的多功能性质使其成为适应生存、广泛发展的根本因素。在20世纪50、60年代，礼堂建筑广泛存在于我国的各个机关单位，包括乡镇，其主要推动者是各级政府、企事业单位等非民间力量。

最近几年，出现了"文化礼堂"现象，以浙江、江苏等经济发达地区为先锋，针对乡村的文化设施建设、服务等问题，进行了大量的实践探索。客观上推进了乡村文化空间的重构历程，为后续的发展、研究也奠定了一定的基础。这类实践，继续强化了多功能文化设施作为乡村的主要文化空间的理念，以实用、经济为基本原则，适当考虑了当代技术的运用，强化政府的主导作用。

本书的研究得益于这些历史积淀和当代的实践探索。当然，更主要的是通过技术性的研究，梳理、总结出新的文化服务综合体的设计要领。目的是：如何在有限的小规模范围内，能够构建一套满足乡村（镇）的多功能文化设施。

根据技术路线，研究首先梳理设计史上有关建筑的多功能理论和实践开始，展开了相关的理念探讨，包括多种功能空间的并置（集约性）、可变空间与设施的针对性功能变化（多功能）、单一空间与基本设施的通用性功能应对（适应性）。这三个概念，都是基于将建筑空间（形式）与相关设施（设备）的复合整体，作为实现建筑设施功能（满足使用需求）基本单元，并且从实现功能目标（满足使用需求）的程度上来划分三者的区分。集约性意味着多种功能的单元并置，多功能意味着一个单元内多种空间（形式）和设施的变化，适应性意味着一个单元内固定的具有通用性的空间（形式）和设施。

在此基础上，关于单元的认知，进一步区分了核心功能单元和辅助功能单元的概念。明确将五种不同的使用需求中，核心的空间/设施与辅助空间/设施加以区分，形成核心功能模块与辅助功能模块。将研究的重点聚焦在核心功能模块。后续的空间设计单元的组合/划分方法的研究，主要聚焦在核心功能空间，关注核心功能模块。对于辅助功能单元，可以借助已有的成果并加以利用。模块化的思路，有助于研究和实践层面能更加深入地解决专门化的问题，并为灵活的组合体功能提供选择的可能性。实际上，这个思路与当下正在进行的实践有很高的契合度。浙江很多兴建的文化礼堂，采取了类似的设计：将辅助性的仓库、化妆、卫生间等与核心的观众厅舞台分别处理，体现了实践的合理性。

通过理论性的梳理，为研究提供了两个指向：一是空间（形式）方面，二是设施（设备）方面。通过这些建筑学基本概念的梳理和关系的构建，建立了比较清晰的小型文化服务综合设施的建筑理论框架，明确了这一类型建筑的理论的核心问题。

空间方面的问题，需要探究的是小规模的范围内，空间能满足五种使用需求的组合/划分的依据和方法。空间问题作为建筑学的核心问题，其设计探讨过去往往基于经验。能否借助当下的参数化技术，通过算法形成一套科学的方法进行空间设计的理论与方法？本书在此方面进行了研究拓展，并形成了一套可用于实践的普适模型。利用遗传算法进行多目的寻优，用数学方法表达设计目标、设计条件、平面形式、设计原则，最终计算得到单一空间内划分和变换的最佳平面设计方案。显示了在设计领域运用数学方法进行创新的可行性，超越传统的基于经验的设计方法。其成果还可以运用到建筑设计的其他类型，具有推广的价值。当然，这一套基于算法构建的模型，对于具体的空间设计而言，其参数的选取仍然很大程度上依赖于大量的数据统计和积累，也依赖于经验。要成为一套行之有效的空间设计方法与工具，还需要积累和拓展技术细节。尽管如此，该项研究基本解决了课题提出的关于该类型建筑的设计方法问题。

设施（设备）方面的问题，分为了两个层面：一是为空间和形式变化（组合、划分）提供技术支撑的设施，二是为实现具体使用需求而配制的设备（设施）。前者，本书的研究只是提供相应的设计条件，针对平移墙体、折叠隔墙、组装隔墙、移动吊顶、升降地面等空间界面的变化提出了明确的需求，为设备研发团队设定了条件。这些空间变化的措施，面临经济和技术的可行性问题，同时，也存在与其他问题潜在的冲突矛盾，需要后续再作深化研究。后者，各种功能设备研发和配制，主要聚焦在核心视听（音视频/灯光音响）方面，弱化了通用的设备（如一般建筑需要的给水排水、暖通空调、强弱电、消防等专业设备），研发一套能满足五种使用需求的全专业设备，显然还有很大的距离。本书的基本思路是，尽量将空间界面与各类功能设施（设备）结合，将合适的设备设施布置在合适的空间界面中，同时能满足空间界面变化后的使用条件。针对这方面本书作了适当的探索，试图研发一套核心功能设施，以折叠墙的方式，嵌入储藏、展览、灯光、音响设施，同时具备能划分空间、隔声、展示等功用的设施。这个初步想法尚未深化，有待后续的研究、开发。

这些探讨的基本结论是：基于有限的建筑设施规模和经济、技术的投入，乡镇的小型文化服务综合体设计理论应该遵循集约性、多功能、适应性三者的顺序，并在三者之间找到平衡点。简单说，就是技术、经济、规模等级决定了设计中采取三种要素的多少。关于设施设备的运用，同样需要考虑现实的经济和技术的投入。支撑空间变换的设备，如何尽量减少、易于操作，将影响随后的设计方案。尽量减少变化的界面，成为需要研究的问题，经过经验统计分析，应采纳墙面划分为主、少量地面变化、吊顶基本不变的空间变化的思路。五种功能设施设备的设计思路，如前所说，主要聚焦于音视频等专业设备。通过研究，本书确定了其与空间界面结合的合理方式，最大限度将其布置在核心功能设施的区域内，减少其移动的距离。有关更多的其他专业设备的结合，其实是需要更多的研究才能解决的。此次采取了突破核心设备的研究思路，本质上是寻求问题的突破，为后续的研究奠定基础。

示范案例方案基本上遵循了上述研究的逻辑，运用了研究成果：镇级的方案（1200m²）采取了以集约性（可以有数个功能空间并置）和多功能（可以有空间和设施的针对性变化）为主、适应性（空间设施不变，通用性功能）为辅的方式。村级的两种方案都放弃了集约性，采用了多功能与适应性结合的方式，以单一空间为基础，结合空间可变和设施可变，解决多种用途的转换问题。鉴于调研数据的局限，以上三种方案的三种概念的选择，在定性上比较清楚，但是如何定量，依然是一个难题。设备（设施）方面，基于技术、经济、管理的考量，对空间的改变，主要采取了移动墙体的办法，灵活、简单地划分空间，核心设施主要集中在舞台模块上，通过集成相应的灯光、音响设施，并结合形式、位置的改变，为五种功能的使用需求提供了基本的保证。从书中可以看出，研究与示范案例之间存在差距，这些差距主要是研究方面主要基于学术层面，示范方案更多考虑现实的经济、技术的可行性。即便如此，示范方案依然贯彻了研究的主要概念和方法。因此，示范案例，依然能够起到"示范"作用。同时，如果有更加优越的经济、技术条件，实践的设计方案能够进一步地提升。

本书的研究团队在浙江地区进行示范性的项目研究、建设，采取了更加现实的步骤，选取了一个场馆改建项目和一个新建项目，显示了现实操作的多样性。乡村场馆的改建在当下也是一个非常现实的课题。课题研究中，给出的核心功能设施理念，能够为此类改建项目提供快速、高效的方法。未来，通过研发成熟的核心功能设施，采取购买、租用等方式，能灵活满足老旧场馆的多样功能需求。新建场馆，在条件允许下，遵循研究的基本思路和方法，能够提出更多的设计方案，这方面研究的后续发展具有开放性，也为提升小型文化服务综合体的建设留有很大的空间。对于幅员辽阔、经济技术条件差异巨大的我国广大乡镇地区，实际建设项目的差异性也是客观存在的。本书的研究和设计思路能够满足这些现实条件的差异性所导致的项目建设的不同需求。

总之，小型文化服务综合体是一种新的建筑类型，对于广大的我国乡镇的文化建设具有很重要的意义。如何通过合理的设计，使文化设施能够满足多种使用功能，以提高其使用率，成为村民文化活动的中心，是一个值得探讨的课题。

本书力图解决当前小城镇和农村按照功能分类配置原则构建文化服务载体的现状，直面其文化服务内容贫瘠、服务模式低下、设施构建成本低等因素，试图提出一套快速构建、功能可变的集约型综合服务空间载体理论框架，同时针对基层文化设施小型化、单一空间多用化、可适应群众非专业下多功能文化服务应用等需求，提出面向多种文化活动行为需求的空间设计解决方案，切实服务于基层群众的文化生活。

结合基层文化服务需求及现状农村文化设施的建设，本书综合概括研究多功能小型文化服务综合体的公共性、通用性、可变性，以及集约化设计方法、空间划分的算法研究等，最后落地于实践，从多功能复合单一体块的小型集约空间到群体建筑组合的平面布局研究，最后落实到杭州市葛溪村文化礼堂改造项目和上田村文化礼堂项目。这一从理论研究到社会实践的操作方式，也将给多功能小型文化服务综合体的设计提供更多有益的尝试与思考。不足之处，也请同行指正。

图片来源

图号	图名或项目名	分图号	图片来源
图1.7	双林镇文化中心设计鸟瞰图		浙江经纬工程设计有限公司 提供
图3.1	密斯的"通用空间"对功能复合的强调	a	Neue Nationalgalerie-Berlin[EB/OL]. Fabio Candido, 摄.（2022-08-17）[2022-08-31]. https://www.inexhibit.com/mymuseum/neue-nationalgalerie-berlin-mies-van-der-rohe/.
		b	Crown Hall, Illinois Institute of Technology à Chicago[EB/OL].（2012-06-15）[2022-09-05]. https://www.archigraphie.eu/?p=1468.
		c	Abalos & Herreros fonds. 密斯的"通用空间"实践[EB/OL]. [2022-05-07]. https://www.cca.qc.ca/en/search/details/collection/object/452155.
图3.2	富勒的"网格穹顶"对构件最小化的研究		AD Classics: Montreal Biosphere/Buckminster Fuller[EB/OL]. [2022-05-07]. https://www.archdaily.com/572135/ad-classics-montreal-biosphere-buckminster-fuller.
图3.3	柯布西耶海边小木屋的集成设计		Cap Martin. 柯布西耶海边小木屋的集成设计[EB/OL]. Fabio Candido, 摄. [2022-05-07]. https://acidadebranca.tumblr.com/post/102724439459/studiobua-le-corbusier-cabanon-in-roquebrune.
			Boesiger, Willy. Le Corbusier – Oeuvre complète:1946-1952[M]. 1994.
图3.4	中银舱体大厦居住单元模块的集成设计		陈靖超. 可变建筑解析与研究[D]. 青岛：青岛理工大学. 2012.：47.
图3.6	乡村与城市的建筑对土地畸零地块的利用	a	发昌村文化活动中心，广东/悉地国际-东西影工作室. [EB/OL]. 张超，摄.（2019-05-17）[2022-05-07]. https://www.gooood.cn/community-center-of-fachang-village-china-by-ccdi-dongxiying-studio.htm.
		b	屋顶跑道的小学[EB/OL]. 零壹城市建筑事务所，摄. [2022-05-07]. http://lycs-arc.com/Project_CN/847.
图3.7	社区中心功能整合实例（勃艮第小镇艺术与会议中心）		勃艮第小镇艺术与会议中心 + 老年活动中心 + 游客办公室 + 托儿所/dominique coulon & associes[EB/OL]. David Romero-Uzeda，摄.（2015-12-10）[2022-05-07]. https://www.gooood.cn/art-and-conference-centre-inter-generation-centre-and-tourist-office-in-venarey-les-laumes-burgundyfrance-by-dominique-coulon-associes.htm.
图3.10	松阳王村王景纪念馆的分时利用（DnA建筑事务所）		王景纪念馆，浙江松阳/DnA建筑事务所[EB/OL]. DnA, 摄.（2018-08-31）[2022-05-07]. https://www.gooood.cn/wang-jing-memorial-hall-by-dna_design-and-architecture-studio.htm.
图3.11	弗雷·奥托为科隆联邦庭院展设计的临时入口及安装过程		J. M. Songel 1, SUSTAINABILITY LESSONS FROM VERNACULAR ARCHITECTURE IN FREI OTTO'S WORK: TENTS AND GRIDSHELLS[C]. The International Archives of the Photogrammetry, Remote Sensing and Spatial Information Sciences, Volume XLIV-M-1-2020, 2020 HERITAGE2020 (3DPast | RISK-Terra) International Conference, 9–12 September 2020, Valencia, Spain.
图3.14	隈研吾日本国际基督教大学体育中心木结构设计		国际基督教大学新体育中心，日本/隈研吾都市设计事务所[EB/OL]. Kengo Kuma, Associates, 摄. [2022-05-07]. https://www.gooood.cn/icu-new-physical-education-center-by-kengo-kuma-and-associates.htm.

图号	图名或项目名	分图号	图片来源	
图3.15	泰国Panyaden国际学校竹体育馆		竹体育馆，Panyader国际学校，泰国/Chiangmai Life Architect[EB/OL]. Alberto Cosi, 摄.（2017-08-14）[2022-05-07]. https://www.gooood.cn/bamboo-sports-hall-for-panyaden-international-school-thailand-by-chiangmai-life-architect.htm.	
图3.16	坂茂的纸管建筑实践	a	德国汉诺威世博会日本馆[EB/OL]. [2022-05-07]. https://www.world-architects.com/en/shigeru-ban-architects-tokyo/project/japan-pavilion-expo-2000.	
		b	2009年香港深圳双城双年展主展厅/坂茂[EB/OL].（2014-03-28）[2022-09-05]. https://www.cool-de.com/thread-849479-1-1.html.	
图3.18	伦佐·皮亚诺的Diogene极小住宅集成设计		Diogene/Renzo Piano[EB/OL]. Vitra, Renzo Piano, 摄. [2022-05-07]. https://www.archdaily.com/396082/diogene-renzo-piano.	
图3.19	"火星生活舱"的集成设计		"火星生活舱"概念原型/OPEN建筑事务所[EB/OL]. OPEN，绘. [2022-05-10]. https://www.gooood.cn/mars-case-china-by-open.htm.	
图4.5	村镇会议的类型	a	开门红！吾祠乡试点村党支部换届选举圆满完成[EB/OL]. (2021-09-11)[2022-02-01]. https://www.sohu.com/a/489263690_121123791.	
		b	【镇街团代会时刻】青春的盛会来啦~撒花~~~[EB/OL]. (2018-12-31)[2021-12-12]. https://www.sohu.com/a/285805165_120041479.	
		c	陈河镇召开庆祝中国共产党成立99周年表彰大会[EB/OL]. (2020-07-01)[2021-11-15]. https://www.sohu.com/a/405650657_120207174.	
		d	浙江：慢性病健康讲座走进干岙文化礼堂[EB/OL]. (2019-04-02)[2021-11-16]. http://www.goschool.org.cn/sqjy/tbgz/sfq/2019-04-02/28520.html.	
图4.7	红白喜事的活动类型	a	各地农家小院婚礼更讲传统习俗，热闹喜庆，还有好多美味佳肴！[EB/OL]. (2018-11-27)[2021-11-15].https://www.163.com/dy/article/E1KA3TLD0529KMC4.html.	
		b	威风锣鼓来迎亲，一场你从未见过的浪漫婚礼[EB/OL].(2019-01-20)[2021-11-15]. https://www.sohu.com/a/290343091_120054628.	
		c	央视《乡村振兴资讯》聚焦象山！点赞这项新风尚[EB/OL].(2020-09-19) [2021-11-15]. http://www.cnxsg.cn/7748260.html.	
		d	农村婚宴摆马路上 400人吃3天[EB/OL].(2018-01-12)[2021-11-15]. https://www.sohu.com/a/216114869_99985316.	
图4.9	农村阅览空间现存问题	a	加强文化平台建设，做好图书建库工作[EB/OL]. (2018-12-11)[2021-11-15]. http://xzwmdw.cnxz.com.cn/home/content/?15785-4165168.html.	
		b	2018阅读点亮银城|"最美阅读空间"投票评选结果公布[EB/OL]. (2018-11-28)[2021-11-15]. https://www.sohu.com/a/278256024_770605.	
		c	五桂村图书室 [EB/OL].(2018-03-28)[2021-11-15]. http://jcpt.chengdu.gov.cn/jianyangshi/shizhongzhen/detail.html?url=/jianyangshi/wuguicun/3001050201/9868303_detail.html.	
		d	小安乡：如期脱贫、如期奔康，争做发展特色优势产业，实现后发赶超的示范乡镇[EB/OL]. (2019-02-28)[2021-11-15]. https://www.sohu.com/a/297396953_120057334.	

图号	图名或项目名	分图号	图片来源
图4.11	基层展览内容及形式	a、b	看展览、包粽子、学广绣……沙滘陈家祠变身"非遗文化展馆"！[EB/OL]. (2020-06-25) [2021-11-15].https://www.sohu.com/a/404143455_120055113.
		c	茨坪村史馆正式开放展览[EB/OL]. (2001-07)[2021-11-16]. https://www.sohu.com/a/443151917_800139.
图4.13	村镇丰富的体育活动形式	a	诗洞又掀起体育风潮：诗洞镇保焕村篮球场落成庆典 [EB/OL]. (2017-04-30)[2021-11-16]. https://www.sohu.com/a/137505586_245848.
		b	汝州63个贫困村有了"健身房"，村民锻炼身体有去处！[EB/OL]. (2020-07-16) [2021-11-17]. https://www.sohu.com/a/408070222_120207011.
		c	广场舞丰富农村文化新生活 [EB/OL]. (2015-11-20)[2021-11-18]. http://wolong.01ny.cn/ly/2015/lyyw_1120/539.html.
		d	"走向我们的小康生活"主题采访丨玉狗梁村：练着瑜伽奔小康 [EB/OL]. (2020-08-21)[2021-11-19]. http://www.hbjjrb.com/system/2020/08/21/100423325.shtml.
图4.15	国内外室内集市实践	a	鹿特丹拱形大市场[EB/OL].（2014-10-10）[2022-05-07]. https://www.gooood.cn/markthal-rotterdam-by-mvrdv.htm.
		b	生鲜剧场[EB/OL]. 何炼, 摄.（2019-01-28）[2022-05-07]. https://www.gooood.cn/fresh-food-theatre-vegetable-market-of-longba-town-china-by-describing-architecture-studio.htm.
		c	生鲜剧场[EB/OL]. 金伟琦, 摄.（2019-09-10）[2022-05-07].https://www.gooood.cn/temporary-site-of-shengli-market-china-by-luo-studio.htm.
图4.20	结构柱网中的模数思想		程大锦, 巴里·S. 奥诺伊, 道格拉斯·祖贝伯勒. 图解建筑结构：模式体系与设计[M].张宇, 陈艳妍, 译. 天津：天津大学出版社, 2018.
图4.23	杂院预制模块实践（度态建筑）		白塔寺杂院预制模块设计, 北京/度态建筑[EB/OL]. 孙海霆, 摄.（2018-08-13）[2022-05-07].https://www.gooood.cn/prefabricated-modules-for-baitasi-sharing-courtyard-china-by-dot-architects.htm.
图4.25	家具设计的激发因素		赫曼·赫茨伯格. 建筑学教程-1-设计原理[M]仲德崑, 译. 天津：天津大学出版社, 2008.
图4.26	让·努维尔和Petar Zaharinov的通用折叠桌椅设计		折叠式家具/Jean Novel Design[EB/OL].（2012-07-18）[2022-05-07].https://www.gooood.cn/mia-by-jean-nouvel-design.htm.
			双面椅/Petar Zaharinov[EB/OL].（2011-12-08）[2022-05-08].https://www.gooood.cn/viic-chair-by-petar-zaharinov.htm.
图5.1	"棚屋"艺术中心可伸展外壳的开、闭状态		张呈瀚. 动态建筑设计理念和方法研究[D]. 济南：山东建筑大学. 2021.：65.
图5.2	德国慕尼黑圣心教堂可开启立面		杨帆. 基于气候适应性的可动建筑表皮设计研究[D]. 沈阳：沈阳建筑大学, 2015：66.
图5.3	De Markies房车的形态变化		罗伯特·克罗恩伯格. 可适性：回应变化的建筑[M]. 朱蓉, 译. 武汉：华中科技大学出版社, 2012.
图5.4	意大利灾后临时安置房竞赛"X-BOX灾后折叠移动方舱"形态变化		野城建筑. 10年前获法兰西建筑院奖的移动方舱[EB/Z]. (2020-03-02)[2022-05-07]. https://mp.weixin.qq.com/s/JL-wPf5e0bEXmdbmfzliBg.

图号	图名或项目名	分图号	图片来源	
图5.5	桂离宫中用"障子"改变空间的形		isozaki arata. Katsura Villa: Space and Form[M]. 1983.	
图5.6	波尔多住宅中的升降楼板		https://www.oma.com/projects/maison-a-bordeaux.	
图5.7	理查德医学院大楼平面图		仇雪. 建筑单元设计研究[D]. 哈尔滨：哈尔滨工业大学，2012：34.	
图5.8	体育馆通过可开启屋面调节空间的质	a	付雷. 形态可变建筑设计研究[D]. 沈阳：沈阳建筑大学，2014：20.	
		b	美国匹兹堡市民体育场刚性滑动屋盖[EB/OL]. Derek Jensen, 摄. [2022-05-08]. https://en.wikipedia.org/wiki/Civic_Arena_(Pittsburgh)#cite_note-1.	
		c	梅赛德斯奔驰体育场的旋转屋面[EB/OL]. [2022-05-09]. https://www.xuehua.us/a/5eb7b65086ec4d630fd2d622?lang=zh-hk.	
图5.9	比希尔中心办公大楼的空间布局及家具布置灵活性		Herman Hertzberger. Architecture and Structuralism: The Ordering of Space[M]. nai010 publishers. 2016.	
图5.11	歌华营地体验中心的庭院剧场		李虎，黄文菁. 应力[M]. 北京：中国建筑工业出版社，2015.	
图5.12	坂茂的日本大分县立美术馆水平折叠立面		日本日经BP社日经建筑. 坂茂[M]. 范唯，译. 北京：北京美术摄影出版社，2019.	
图5.13	双层表皮调节建筑性能实例	a	"突变表皮"公寓，葡萄牙/Alberto de Souza Oliveira[EB/OL]. Nelson Garrido，摄.（2011-11-23）[2022-05-07]. https://www.gooood.cn/lisbon-stone-block-by-alberto-de-souza-oliveira.htm.	
		b	The Klotski 办公楼，华盛顿/Graham Baba Architects[EB/OL]. Kevin Scott，摄.（2019-12-31）[2022-05-07]. https://www.gooood.cn/the-klotski-washington-graham-baba-architects.htm.	
图5.15	9平方米之家的室内空间分隔		罗伯特·克罗恩伯格. 可适性：回应变化的建筑[M]. 朱蓉，译. 武汉：华中科技大学出版社，2012.	
图5.16	LUISS大学礼堂利用高隔声构件将楼座与主体空间分隔		LUISS大学礼堂，意大利/Studio Gemma + Alvisi Kirimoto[EB/OL]. Delfino Sisto Legnani, Marco Cappelletti, 摄（2018-12-10）[2022-05-07]. https://www.gooood.cn/auditorium-for-luiss-guido-carli-by-studio-gemma-alvisi-kirimoto.htm.	
图5.17	威利剧场可变的内景		AT & T PERFORMING ARTS CENTER DEE & CHARLES WYLY THEATRE [EB/OL]. Iwan Baan，摄. [2022-05-08]. https://rex-ny.com/project/wyly-theatre/.	
图5.18	威利剧场的可变空间布局模式			
图5.20	莲花山公交总站将双层表皮拓展为廊空间		莲花山公交总站改造，深圳/CCDI墨照工作室[EB/OL]. 张超，摄（2019-08-29）[2022-05-07]. https://www.gooood.cn/the-renovation-of-lianhua-mountain-bus-terminal-china-by-mozhao-studio-ccdi.htm.	
图5.21	罗纳德·佩雷尔曼表演艺术中心通过灵活分隔对廊空间进行多重利用		THE RONALD O. PERELMAN PERFORMING ARTS CENTER AT THE WORD TRADE CENTER [EB/OL]. [2022-05-07]. https://rex-ny.com/project/the-perelman-wtc/.	

图号	图名或项目名	分图号	图片来源
图5.22	多功能移动隔墙实例		罗敏杰. 空间界面视角下的可变剧场建筑设计研究[D]. 北京：清华大学，2013：115.
图7.27	模块化卫生间		胡超. 生态移动卫生间设计[D]. 昆明：昆明理工大学，2020：97.
图7.28	模块化烹饪、存储厢体		集装箱式可移动专业化厨房技术规范：深圳市地标DB4403[S].（暂未发布）
图7.29	位置：葛溪村文化礼堂位于杭州市西南		改绘自百度地图
图7.30	文化礼堂及周边情况现状图		改绘自百度地图
图7.37	演出模式	c	大丰实业 提供
图7.38	会议模式	c	大丰实业 提供
图7.39	宴会模式	c	大丰实业 提供
图7.41	阅读模式	c	大丰实业 提供
图7.42	展览模式	c	大丰实业 提供
图7.49	文体模式效果图		大丰实业 提供
图7.57	位置：上田村综合体位于杭州市西南		改绘自百度地图
图7.58	文化礼堂及周边情况现状图		改绘自百度地图
	北京市海淀区北部文化中心		海淀区北部文化中心/清华大学建筑设计研究院[EB/OL].（2017-02-13）[2018-03-15]. https://www.archdaily.cn/cn/805147/hai-dian-qu-bei-bu-wen-hua-zhong-xin-qing-hua-da-xue-jian-zhu-she-ji-yan-jiu-yuan?ad_source=search&ad_medium=projects_tab.
	法国圣路易斯市联合论坛文体中心		充满活力的连体的FORUM活动建筑/Manuelle Gautrand Architecture [EB/OL].（2016-04-17）[2018-03-15]. https://www.archdaily.cn/cn/785655/lian-ti-de-forum-manuelle-gautrand-architecture?ad_source=search&ad_medium=projects_tab.
	伊朗德黑兰市无障碍文体中心		残疾人文化体育中心/Experimental Branch of Architecture [EB/OL].（2014-04-06）[2018-03-15]. https://www.archdaily.cn/cn/600635/can-ji-ren-wen-hua-ti-yu-zhong-xin-slash-experimental-branch-of-architecture.
	哈萨克斯坦阿斯塔纳市少年宫		哈萨克斯坦少年宫[EB/OL].（2014-03-26）[2018-03-15]. https://bbs.zhulong.com/101010_group_201808/detail10122200/.
	昆山市周市镇文体中心		昆山周市文体中心 [EB/OL].（2014-03-07）[2018-03-16]. https://bbs.zhulong.com/101010_group_201808/detail10121870/?louzhu=1.
	成都市三瓦窑社区文体中心		成都，三瓦窑社区体育设施/中国建筑西南设计研究院CSWADI[EB/OL].（2015-07-02）[2018-03-16]. https://www.archdaily.cn/cn/769553/cheng-du-san-wa-yao-she-qu-ti-yu-she-shi-zhong-guo-jian-zhu-xi-nan-she-ji-yan-jiu-yuan-cswadi?ad_source=search&ad_medium=projects_tab.

图号	图名或项目名	分图号	图片来源	
	克罗地亚里耶卡市扎美特中心		扎梅特中心/3LHD[EB/OL].（2014-03-07）[2018-03-16]. https://www.archdaily.cn/cn/756156/zha-mei-te-zhong-xin-3lhd?ad_source=search&ad_medium=projects_tab.	
	哥伦比亚麦德林科莱吉奥·拉恩塞南扎音乐厅		哥伦比亚的"城市天堂"/EDU-Empresa de Desarrollo Urbano de Medellín[EB/OL].（2016-03-01）[2018-03-16]. https://www.archdaily.cn/cn/782910/uva-el-paraiso-edu-empresa-de-desarrollo-urbano-de-medellin?ad_source=search&ad_medium=projects_tab.	
			Auditorio Colegio la Enseñanza/OPUS + MEJÍA/OPUS + MEJÍA[EB/OL].（2015-05-26）[2018-05-27]. https://www.archdaily.com/633723/la-ensenanza-school-auditorium-opus-mejia-opus-mejia.	
	法国普莱桑斯迪普什E空间		Espace Monestie/PPA[EB/OL].（2014-05-23）[2018-05-16]. https://www.archdaily.com/488741/espace-monestie-ppa.	
	美国康涅狄格州格雷斯农场		Grace Farms / SANAA[EB/OL].（2015-10-14）[2018-05-17]. https://www.archdaily.com/775319/grace-farms-sanaa.	
	罗东文化工场		有方主页君. 中国建筑传媒奖获奖作品回顾：罗东文化工场[EB/OL].（2013-12-26）[2022-09-05]. https://www.douban.com/note/323321576/?_i=2263873KJSBRwW,23627003M3GOX6.	
	西溪天堂艺术中心		骨肉皮剧场——西溪天堂艺术中心[EB/OL].（2016-01-15）[2018-05-16]. https://www.gooood.cn/community/371093/.	
	成都黑匣子运动馆		成都黑匣子运动馆|合什建筑&朴诗建筑[EB/OL].（2018-08-29）[2018-05-16]. http://www.archina.com/index.php?g=works&m=index&a=show&id=775.	
	英国南安普顿临时表演中心		A Temporary Setting for Performance in the Centre of Southampton[EB/OL].（2014-12-12）[2018-05-17]. https://www.archdaily.com/547812/a-temporary-setting-for-performance-in-the-centre-of-southampton?ad_source=search&ad_medium=projects_tab.	
	法国普瓦泰隆文体中心		Poix-Terron Cultural and Sport Centre / philippe gibert architecte[EB/OL].（2017-12-11）[2018-05-17]. https://www.archdaily.com/881264/poix-terron-cultural-and-sport-centre-philippe-gibert-architecte?ad_source=search&ad_medium=projects_tab.	
	日本东京扎寺公共剧院		Za Koen ji Public Theatre / Toyo Ito & Associates [EB/OL].（2009-06-15）[2018-05-21]. https://www.archdaily.com/24819/za-koenji-public-theatre-toyo-ito-by-iwan-baan.	
	巴西纳尔塔莫洛体育场		Arena do Morro / Herzog & de Meuron[EB/OL].（2014-05-22）[2018-05-21]. https://www.baidu.com/link?url=cLa6WWTqyVwnvRLradjII2EYQPkOrfSBLUB_ocde90MmmRImosaNezjAfTEcun5MEA0Kh2NO8iM4wQQGxMjm9jyd7yyHeENCv8QxrDDN3rW&wd=&eqid=ff6658d300105f2a000000046276740c.	
	葡萄牙波瓦桑浴场		Povoação市政泳池 / Barbosa & Guimarães [EB/OL].（2014-03-29）[2018-05-21]. https://www.archdaily.cn/cn/600826/povoacaoshi-zheng-yong-chi-slash-barbosa-and-guimaraes.	
	美国纽约纽瓦克TREC社区居住中心		TREC Newark Housing Authority/ikon.5 architects[EB/OL].（2017-05-05）[2018-05-27]. https://www.archdaily.com/870345/trec-newark-housing-authority-iko-architects.	

续表

图号	图名或项目名	分图号	图片来源
	丹麦哥本哈根文体中心		Sports & Culture Centre[EB/OL].（2014-05-30）[2018-05-27]. https://www.archdaily.cn/cn/603481/sports-and-culture-centre.
	丹麦哥本哈根 Ku.Be运动文化之家		Ku.Be House of Culture in Movement / MVRDV + ADEPT[EB/OL].（2016-09-02）[2018-05-27]. https://www.archdaily.com/794532/ke-house-of-culture-in-movement-mvrdv-plus-adept.
	香港屏山天水围康体中心		屏山天水围文化康乐大楼/ArchSD[EB/OL].（2016-12-09）[2018-05-15]. https://www.archdaily.cn/cn/801093/ping-shan-tian-shui-wei-wen-hua-kang-le-da-lou-archsd?ad_source=search&ad_medium=projects_tab.
	上海安亭镇文体活动中心		Culture and Sports Centre, Anting 安亭镇文体活动中心[EB/OL].（2011-12-11）[2018-05-15]. http://www.uedmagazine.net/UED_Column_con.aspx?one=1&pid=137&three=60&two=12.
	葡萄牙阿加尼尔银镍陶瓷工厂		Ceramic of Arganil / Vitor Seabra Mofase Architects[EB/OL].（2013-02-18）[2018-05-15]. https://www.archdaily.com/332810/ceramic-of-arganil-vitor-seabra-mofase-architects.
	南京栖霞区文体中心		建强区属文化馆图书馆，发挥公共文化服务主阵地功能（图）[EB/OL].（2020-05-13）[2018-05-15]. http://www.chinalibs.net/Zhaiyao.aspx?id=479123.
	深圳南山区蛇口街道文体中心		深圳汤桦建筑设计事务所：深圳南山区蛇口街道文体中心国际竞赛中标[EB/OL].（2016-03-18）[2018-05-25]. https://www.gooood.cn/community/426482/.
	深圳南山区粤海街道文体中心		粤海街道文体中心/URBANUS都市实践[EB/OL].（2019-08-12）[2018-05-15]. https://www.gooood.cn/yuehai-community-culture-and-sports-center-china-urbanus.htm.
	深圳南山区西丽文体中心综合体		深圳西丽文体中心综合体/MVRDV+筑博设计[EB/OL].（2016-10-10）[2018-05-15]. https://www.gooood.cn/xili-sports-and-cultural-centre-shenzhen-by-mvrdv-zhubo.htm.
	无锡玉祁文体服务中心		无锡玉祁文体服务中心/ADASTUDIO [EB/OL].（2017-05-04）[2018-05-26]. https://www.sohu.com/a/138285865_791225.
	芬兰奥卢（OULU）卡斯特利社区中心		Community Centre Kastelli/Lahdelma & Mahlamäki[EB/OL].（2016-05-02）[2018-05-16]. https://www.archdaily.com/782762/community-centre-kastelli-lahdelma-and-mahlamaki.
	澳大利亚吉朗贝尔邮政山胜田中心		Katsumata Centre/James Deans & Associates[EB/OL].（2012-10-29）[2018-05-27]. https://www.archdaily.com/286750/katsumata-centre-james-deans-associates.
	美国纽约坎贝尔体育中心		Campbell Sports Center / Steven Holl Architects[EB/OL].（2013-05-10）[2018-05-27]. https://www.archdaily.com/370878/campbell-sports-center-steven-holl-architects.
	澳大利亚墨尔本克莱顿社区中心		Clayton Community Centre / Jackson Architecture[EB/OL].（2012-09-20）[2018-05-27]. https://www.archdaily.com/272354/clayton-community-centre-jackson-architecture.
	加拿大滑铁卢约翰·M. 哈珀图书分馆		John M. Harper Branch Library & Stork Family YMCA / Teeple Architects[EB/OL].（2015-04-16）[2018-05-27]. https://www.archdaily.com/619073/john-m-harper-branch-library-and-stork-family-ymca-teeple-architects.

图号	图名或项目名	分图号	图片来源	
	美国埃克塞尔西奥·斯普林斯社区中心		Excelsior Springs Community Center / SFS Architecture[EB/OL].（2017-09-29）[2018-05-27]. https://www.archdaily.com/880461/excelsior-springs-community-center-fs-architecture.	
	加拿大克利尔维尤社区中心		Clareview社区娱乐中心/ Teeple Architects[EB/OL].（2015-07-12）[2018-05-27]. https://www.archdaily.cn/cn/770116/clareview-she-qu-yu-le-zhong-xin-teeple-architects.	
	福斯特家庭休闲中心		Bill R. Foster and Family Recreation Center / Cannon Design[EB/OL].（2016-08-03）[2018-05-27]. https://www.archdaily.com/792304/bill-r-foster-and-family-recreation-center-cannon-design.	
	加拿大曼尼托巴大学学生活动中心		The Active Living Centre / Cibinel Architects + Batteriid Architects[EB/OL].（2016-05-02）[2018-05-27]. https://www.archdaily.com/786248/the-active-living-centre-cibinel-architects-plus-batteriid-architects.	

注：表格中未列出者，为作者自绘或自摄。

参考文献

［1］陈伟东. 城市基层公共服务组织管理运行的规范化研究［J］. 社会主义研究，2009（4）：16-22.

［2］孙艺，戴冬晖，宋聚生. 直辖市基层公共服务设施规划技术地方标准与国家标准的比较与启示［J］. 社会主义研究，2017（6）：44-54.

［3］魏浩波，欧明华. 摆陇苗寨民俗综合体［J］. 城市环境设计，2015（Z2）：206-211.

［4］魏浩波. 基于身体的建造——贵阳花溪摆陇苗寨民俗综合体设计方法拆解［J］. 城市建筑，2007（8）：26-29.

［5］李昊. 公共空间的意义——当代中国城市公共空间的价值思辨与建构［M］. 北京：中国建筑工业出版社，2016.

［6］陈竹，叶珉. 什么是真正的公共空间——西方城市公共空间理论与空间公共性的判断［J］. 国际城市规划，2009（3）：44-49.

［7］陈关竹. 现代行政中心外部开放空间设计研究［D］. 西安：西安建筑科技大学，2011.

［8］于雷. 空间公共性研究［M］. 南京：东南大学出版社，2005.

［9］田维扬. 村落公共空间中的交往准则——基于昆明滇池西南岸中谊村红白喜事的探讨. 原生态民族文化学刊，2013，5（1）：109-113.

［10］韩冬青. 论建筑功能的动态特征. 建筑学报，1996（4）：34-37.

［11］郭美村. 从模件到模块化［D］. 苏州：苏州大学，2015.

［12］林松. 建筑模数研究［D］. 哈尔滨：哈尔滨工业大学，2009.

［13］张然. 灵活多变建筑及其可适性研究［D］. 南昌：南昌大学，2016.

［14］罗敏杰. 空间界面视角下的可变剧场建筑设计研究［D］. 北京：清华大学，2013.

［15］王婉琳. 小型综合文化服务建筑集约化与适应性设计研究［D］. 北京：清华大学，2020.

［16］浙江大学建筑设计研究院有限公司. 农村文化礼堂建设标准：浙建标1-2017［S］.

［17］集装箱式可移动专业化厨房技术规范：深圳市地标DB4403［S］.

［18］胡超. 生态移动卫生间设计［D］. 昆明：昆明理工大学，2020：97.

［19］DOUGLAS J. Building adaptation[M]. Oxford: Butterworth-Heinemann, 2002.

［20］TREC Newark Housing Authority/ikon.5 architects[EB/OL]. [2022-07-26]. https://www.archdaily.com/870345/trec-newark-housing-authority-iko-architects.

［21］Sports & Culture Centre / Dorte Mandrup + Brand / huber + Emde, Barlon[EB/OL]. [2022-07-26]. https://www.archdaily.com/6630/sports-culture-centre-dorte-mandrup-bk-brandlhuber-co/.

［22］Ku.Be House of Culture in Movement / MVRDV + ADEPT[EB/OL]. [2022-07-26]. https://www.archdaily.com/794532/ke-house-of-culture-in-movement-mvrdv-plus-adept.